一般計量士

国家試験問題 解答と解説

1. 一基・計質 （計量に関する基礎知識／計量器概論及び質量の計量）

（第71回～第73回）

一般社団法人 日本計量振興協会 編

コロナ社

計量士をめざす方々へ

（序にかえて）

　近年，社会情勢や経済事情の変革にともなって産業技術の高度化が急速に進展し，有能な計量士の有資格者を求める企業が多くなっております。

　しかし，計量士の国家試験はたいへんむずかしく，なかなか合格できないと嘆いている方が多いようです。

　本書は，計量士の資格を取得しようとする方々のために，最も能率的な勉強ができるよう，この国家試験に精通した専門家の方々に執筆をお願いして編集しました。

　内容として，専門科目あるいは共通科目ごとにまとめてありますので，どの分野からどんな問題が何問ぐらい出ているかを研究してみてください。そして，本書に沿って，問題を解いてみてはいかがでしょう。何回か繰り返し演習を行うことにより，かなり実力がつくといわれています。

　もちろん，この解説だけでは納得がいかない場合もあるかもしれません。そのときは適切な参考書を求めて，その部分を勉強してください。

　そして，実際の試験場では，どの問題が得意な分野なのか，本書によって見当がつくわけですから，その得意なところから始めると良いでしょう。なお，解答時間は，1問当り3分たらずであることに注意してください。

　さあ，本書なら，どこでも勉強できます。本書を友として，ぜひとも合格の栄冠を勝ち取ってください。

2023 年 9 月

一般社団法人　日本計量振興協会

目　　　次

1.　計量に関する基礎知識　一基

2.　計量器概論及び質量の計量　計質

1. 計量に関する基礎知識

$$\boxed{\text{一 基}}$$

1.1 第71回 （令和2年12月実施）

---- 問 1 ----

図の一辺の長さが1の正五角形 ABCDE において，$\overrightarrow{AB} = \vec{a}$，$\overrightarrow{AE} = \vec{b}$ とするとき，$\overrightarrow{AC}$ を $\vec{a}$，$\vec{b}$ で表したものとして正しいものを次の中から一つ選べ。

ただし，$|\overrightarrow{BE}| = \dfrac{1+\sqrt{5}}{2}$ である。

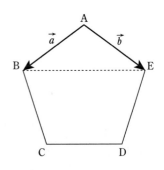

1　$\dfrac{\sqrt{5}\,\vec{a} + \vec{b}}{2}$

2　$\dfrac{\vec{a} + \sqrt{5}\,\vec{b}}{2}$

3　$\dfrac{(1+\sqrt{5})\,\vec{a} + \vec{b}}{2}$

4　$\dfrac{1+\sqrt{5}}{2}\,\vec{a} + \vec{b}$

5　$\vec{a} + \dfrac{1+\sqrt{5}}{2}\,\vec{b}$

【題 意】　ベクトル演算に関する理解をみる。

【解 説】　ベクトル $\overrightarrow{AC}$ をベクトル $\vec{a}$，$\vec{b}$ に平行なベクトルから合成することを考える。図から

$$\overrightarrow{AC} = \vec{b} + \overrightarrow{EC} \tag{1}$$

である。また $\angle ABE = \angle BEC = 36°$ であるから，ベクトル $\overrightarrow{AB}$ と $\overrightarrow{EC}$ は平行である。さらに正五角形の対称性からベクトル $\overrightarrow{BE}$ とベクトル $\overrightarrow{EC}$ は長さが等しい。したがって

$$\overrightarrow{EC} = \frac{1+\sqrt{5}}{2}\vec{a} \tag{2}$$

である。式 (1) と式 (2) より

$$\overrightarrow{AC} = \vec{b} + \frac{1+\sqrt{5}}{2}\vec{a}$$

が得られる。

[正 解] 4

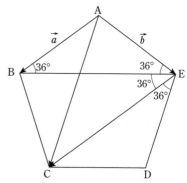

---- **[問] 2** ----

20^{20} を 7 で割った余り γ はいくらか。正しいものを次の中から一つ選べ。

1 $\gamma = 1$

2 $\gamma = 2$

3 $\gamma = 3$

4 $\gamma = 4$

5 $\gamma = 6$

[題 意] 二項定理に関する理解をみる。

[解 説] $x = 7 \times 3$ と置くと，x は 7 の倍数である。$20 = x - 1$ であるから

$$20^{20} = (x-1)^{20}$$

である。

一般に $(x+y)^n$ を多項式に展開すると

$$(x+y)^n = \sum_{k=0}^{n} {}_nC_k x^k y^{n-k} = {}_nC_0 y^n + {}_nC_1 xy^{n-1} + \cdots + {}_nC_{n-1}x^{n-1}y + {}_nC_n x^n$$

ここに ${}_nC_k$ は二項係数で，${}_nC_k = \dfrac{n!}{k!(n-k)!}$ である。上式に $n = 20$，$y = -1$ を代入すると

$$(x-1)^{20} = {}_{20}C_0(-1)^{20} - {}_{20}C_1 x + \cdots - {}_{20}C_{19}x^{19} + {}_{20}C_{20}x^{20}$$

となる。上式の最初の項を除いてすべての項は x の倍数である。したがって 7 の倍数

である。最初の項 $_{20}C_0(-1)^{20}$ は 1 であるから 20^{20} を 7 で割った余りは 1 を 7 で割った余り，すなわち 1 である。

(正 解) 1

---- 問 3 ----

二つの自然数 a，b に関する以下の命題 A，B，C の真偽について，正しい記述を次の中から一つ選べ。

A：a，b が両方とも奇数ならば ab は奇数である。

B：ab が奇数ならば $a^2 + b^2$ は偶数である。

C：$3a + 2b$ が奇数ならば a，b は両方とも奇数である。

1 A が真であり，B と C は偽である。

2 A と B が真であり，C は偽である。

3 A と C が真であり，B は偽である。

4 A，B，C はすべて真である。

5 A，B，C はすべて偽である。

(題 意) 自然数に関する知識をみる。

(解 説) 命題 A，B，C を順に検討する。

A：　a，b がともに奇数であれば，a，b はともに因数 2 を含まない。したがって ab も因数 2 を含まない。ゆえに ab は奇数である。したがってこの命題は正しい。

B：　ab が奇数ならば ab は因数として 2 を含まない。したがって a も b も因数 2 を含まない。すなわち a と b はともに奇数である。a が奇数ならば a^2 も因数として 2 を含まないから奇数である。b^2 も同様に奇数である。奇数の和 $a^2 + b^2$ は偶数である。したがってこの命題は正しい。

C：　$3a + 2b$ の第 2 項 $2b$ は b の奇偶に関係なく，つねに偶数である。したがって $3a + 2b$ は，$3a$ が奇数ならば b が何であっても奇数，$3a$ が偶数ならば b が何であっても偶数である。すなわち，$3a + 2b$ が奇数のときは a は奇数であるが，b は奇数でも偶数でもよい。したがってこの命題は誤り。

(正 解) 2

------ 問 4 ------

二つの関数 $y = -x^2 + x$ と $y = -x + a$ のグラフが接するとき，a の値はいくらか。正しいものを次の中から一つ選べ。

  1　$a = -1$

  2　$a = 0$

  3　$a = 1$

  4　$a = 2$

  5　$a = 3$

題意　二次方程式の根に関する理解をみる。

解説　二つの曲線の二つの交点が一致するときに二つの曲線は接する。二つのグラフの交点の x 座標は，つぎの二次方程式の根である。

$$y = -x^2 + x = -x + a$$

すなわち

$$x^2 - 2x + a = 0$$

二つの根が一致して重根になるのは判別式が 0 のときである。

$$(-2)^2 - 4 \times 1 \times a = 4 - 4a = 0$$

したがって，$a = 1$。

正解　**3**

------ 問 5 ------

複素数
$$z = \frac{2i}{1 + \sqrt{3}\,i}$$

について，z^n が実数となる最小の正の整数 n はいくらか。正しいものを次の中から一つ選べ。ただし，i は虚数単位である。

  1　$n = 2$

  2　$n = 3$

  3　$n = 4$

4　$n=5$

5　$n=6$

（題意）複素数に関する理解をみる。

（解説）z の分母を有理化（実数化）する。

$$z=\frac{2i}{1+\sqrt{3}\,i}=\frac{2i(1-\sqrt{3}\,i)}{(1+\sqrt{3}\,i)(1-\sqrt{3}\,i)}=\frac{2\sqrt{3}+2i}{4}=\frac{\sqrt{3}}{2}+\frac{1}{2}i$$

$$\frac{\sqrt{3}}{2}=\cos\frac{\pi}{6},\ \ \frac{1}{2}=\sin\frac{\pi}{6}\text{であるから}$$

$$z=\cos\frac{\pi}{6}+i\sin\frac{\pi}{6}=1\cdot e^{i\frac{\pi}{6}}$$

と書ける。したがって

$$z^n=e^{i\frac{n\pi}{6}}=\cos\frac{n\pi}{6}+i\sin\frac{n\pi}{6}$$

である。z^n が実数になるのは $\sin\frac{n\pi}{6}=0$ のとき，すなわち $\frac{n\pi}{6}$ が π の整数倍のときである。そのためには n が6の倍数であればよい。問題文より n は正の整数であるから，その最小値は（0ではなく）6である。

（正解）**5**

〔問〕**6**

実関数

$$f(x)=\sin\frac{x}{2}+\sin\frac{x}{4}+\sin\frac{x}{8}$$

の基本周期として正しい値を次の中から一つ選べ。ただし，角度の単位はラジアンとする。

1　2π

2　4π

3　8π

4　16π

5　32π

[題 意] 周期関数の周期に関する理解をみる。

[解 説] 周期関数をfとするとき

$$f(x) = f(x+T)$$

を満足する最小のT（ただし$T \neq 0$）が基本周期である。問題に与えられた関数の$f(x+T)$は

$$f(x+T) = \sin\frac{x+T}{2} + \sin\frac{x+T}{4} + \sin\frac{x+T}{8}$$

$$= \sin\left(\frac{x}{2} + \frac{T}{2}\right) + \sin\left(\frac{x}{4} + \frac{T}{4}\right) + \sin\left(\frac{x}{8} + \frac{T}{8}\right)$$

と表せる。sin 関数の周期は2πであるから，上の$f(x+T)$が$f(x)$に等しくなるためには，各項の位相変化の大きさ，$\dfrac{T}{2}$，$\dfrac{T}{4}$，$\dfrac{T}{8}$がすべて2πの整数倍でなければならない。そのような位相変化を与えるTの最小の大きさは16πである。したがって基本周期は16πである。

ちなみに上の関数は下のグラフのような，周期16πの周期関数である。

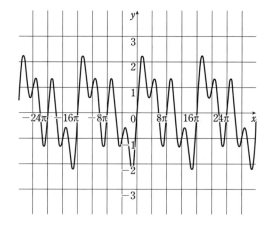

[正 解] 4

---- **[問] 7** --

関数$f(x)$について，

$$\int_0^\pi x f(\sin x)dx = \frac{\pi}{2}\int_0^\pi f(\sin x)dx$$

の関係があることを利用して，次の定積分

$$\int_0^\pi x \sin x \, dx$$

を計算した結果として正しいものを次の中から一つ選べ。

1 $\dfrac{\pi}{2}$

2 π

3 2π

4 $\dfrac{1}{2}$

5 1

[題 意] 定積分の計算に関する知識をみる。

[解 説] 問題中に与えられた二つの式を比べると，本問の場合

$$f(\sin x) = \sin x$$

である。したがって問題に与えられた公式により

$$\int_0^\pi x \sin x dx = \frac{\pi}{2}\int_0^\pi \sin x dx = \frac{\pi}{2}[-\cos x]_0^\pi = \frac{\pi}{2}[1+1] = \pi$$

である。

[正 解] 2

[問] 8

xy 平面上に2点 A$(1, 1)$，B$(1, -1)$ をとり，x 軸上に点 C をとる。このとき，$L = \mathrm{OC} + \mathrm{CA} + \mathrm{CB}$ が最小値をとる点 C の x 座標として正しいものを次の中から一つ選べ。ただし，点 O は原点とする。

1 0

2 $\dfrac{\sqrt{3}}{3}$

3 $\dfrac{\sqrt{2}}{2}$

4 $1 - \dfrac{\sqrt{2}}{2}$

5 $1 - \dfrac{\sqrt{3}}{3}$

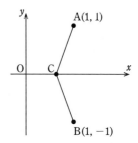

[題 意] 微分に関する理解をみる。

[解 説] 点 C の x 座標を x とすると

$$OC = x$$

$$CA = \sqrt{|x-1|^2 + 1} = \sqrt{(x-1)^2 + 1}$$

$$CB = \sqrt{|x-1|^2 - 1} = \sqrt{(x-1)^2 + 1}$$

であるから

$$L = OC + CA + CB = x + 2\sqrt{(x-1)^2 + 1}$$

である。L が最小になる条件は

$$\frac{dL}{dx} = 1 + 2 \cdot \frac{2(x-1)}{2\sqrt{(x-1)^2+1}} = 1 + \frac{2(x-1)}{\sqrt{(x-1)^2+1}} = 0$$

である。これより

$$2(x-1) = -\sqrt{(x-1)^2 + 1} \tag{1}$$

式 (1) の両辺を二乗して解くと

$$x = 1 \pm \frac{\sqrt{3}}{3}$$

ただし，式 (1) の右辺は負またはゼロだから $x \leq 1$ である。したがって，マイナス符号のほうが正しい解である。

$$x = 1 - \frac{\sqrt{3}}{3}$$

[正 解] 5

---- **[問] 9** ----

自然対数関数

$$y = \log(x^2 + 1)$$

を，x について微分した結果として正しいものを次の中から一つ選べ。

1 $\dfrac{2x}{x^2+1}$

2 $\dfrac{x}{x^2+1}$

3 $\dfrac{1}{x^2+1}$

4 $\dfrac{2}{x}$

5 $\dfrac{1}{2x}$

［題 意］ 微分に関する知識をみる。

［解 説］ 「関数の関数」の微分公式をそのまま使用すればよい。

$$y=\log z$$

$$z=x^2+1$$

とすると

$$\frac{dy}{dx}=\frac{dy}{dz}\frac{dz}{dx}=\frac{1}{z}\cdot(2x)=\frac{2x}{x^2+1}$$

［正 解］ 1

［問］10

確率・統計に関する次の記述の中から誤っているものを一つ選べ。

1 根元事象とは，それ以上分けることの出来ない事象を言う。

2 大きさの順に並べたデータの中央値はメディアンとも言う。

3 正規分布とガウス分布は異なる分布である。

4 標準偏差の二乗は分散である。

5 累積分布関数の値の上限は1である。

［題 意］ 統計学の基礎知識をみる。

［解 説］ 各選択肢を順に検討する。

1：正しい。例えば，1個のサイコロを振った場合，「1の目が出る事象」，「2の目が出る事象」，……，「6の目が出る事象」は根元事象である。また，「偶数の目が出る事象」，「奇数の目が出る事象」などは複合事象である。「偶数の目が出る事象」は「2の目が出る事象」，「4の目が出る事象」，「6の目が出る事象」に分解できるのに対し，根元事象はそれ以上基本的な事象に分解できない。

2：中央値とメディアンは同じ意味である（「median」は「中央値」を表す英語である）。正しい。

3：正規分布の確率密度関数はガウス関数（ガウシアン）の一種なので，正規分布のことをガウス分布ともいう。誤り。

4：正しい。基礎知識。

5：確率変数 x の累積分布関数 $F(x)$ は，x が $-\infty$ から x までのどれかの値をとる確率を表す。したがって，その最大値は $F(\infty)=1$ である。x が取り得るあらゆる値（$-\infty<x<\infty$）のどれかを取る確率は1だからである。正しい。

【**正 解**】 **3**

---- 【**問**】 **11** ----

3個の正六面体のサイコロを投げたとき，出た目の積の期待値として正しいものを次の中から一つ選べ。ただし，サイコロの1から6の目が出る確率はすべて等しく，独立試行を仮定する。

1 $\dfrac{21}{8}$

2 $\dfrac{27}{8}$

3 $\dfrac{39}{8}$

4 $\dfrac{343}{8}$

5 $\dfrac{729}{8}$

【**題 意**】　確率と期待値に関する理解をみる。

【**解 説**】　出た目の積の期待値は，出た目の積の値に，その値が出る確率をかけて，目のすべての組合せについて和をとることにより計算できる。サイコロ1の目の値を i，サイコロ2の目の値を j，サイコロ3の目の値を k とする。1個のサイコロのある一つの目が出る確率は $\dfrac{1}{6}$ であるから，3個のサイコロのある1組の目 (i,j,k) が出る確率は $\dfrac{1}{6^3}$ である。したがって求める期待値 E は

$$E = \sum_{k=1}^{6}\left(\sum_{j=1}^{6}\left(\sum_{i=1}^{6}\frac{1}{6^3}\cdot(i\cdot j\cdot k)\right)\right) = \frac{1}{6^3}\left(\sum_{k=1}^{6}k\right)\cdot\left(\sum_{j=1}^{6}j\right)\cdot\left(\sum_{i=1}^{6}i\right)$$

$$= \frac{21^3}{6^3} = \frac{(7\cdot 3)^3}{(2\cdot 3)^3} = \frac{7^3}{2^3} = \frac{343}{8}$$

となる。

【正解】 **4**

問 12

5本のくじがあり，そのうち2本が当たりくじである。この5本のくじの中から無作為に1本を引き，残り4本の中からさらに1本を引いた。このとき，後から引いた1本が当たりくじである確率として正しいものを次の中から一つ選べ。

1 $\dfrac{1}{2}$

2 $\dfrac{2}{5}$

3 $\dfrac{2}{7}$

4 $\dfrac{1}{3}$

5 $\dfrac{1}{4}$

【題 意】 確率計算に関する理解をみる。

【解 説】 この問題では，くじを2回引いて，1回目に引いたくじは当たりでもハズレでもよく，2回目に引いたくじが当たりである確率 p を求める。1回目が当たりで2回目も当たりの確率を p_{aa}，1回目がハズレで2回目が当たりの確率を p_{ha} とすると，これら二つの事象の和事象が生起する確率 p は $p = p_{aa} + p_{ha}$ である。

（1） まず1回目に引いたくじが当たりで2回目に引いたくじも当たりである確率 p_{aa} を求める。1回目に引くときは5本のくじのうち2本が当たりであるから，当たりを引く確率は $\dfrac{2}{5}$ である。2回目に引くときは残り4本のくじのうち1本が当たりであるから，当たりを引く確率は $\dfrac{1}{4}$ である。したがって，$p_{aa} = \dfrac{2}{5}\times\dfrac{1}{4} = \dfrac{1}{10}$ である。

(2) つぎに，1回目に引いたくじがハズレで2回目に引いたくじが当たりである確率 p_{ha} を求める。1回目に引くときは5本のくじのうち3本がハズレであるから，ハズレを引く確率は $\frac{3}{5}$ である。2回目に引くときは残り4本のくじのうち2本が当たりであるから，当たりを引く確率は $\frac{2}{4}$ である。したがって，$p_{ha} = \frac{3}{5} \times \frac{2}{4} = \frac{3}{10}$ である。

以上のことから，1回目が当たりまたはハズレで2回目が当たりとなる確率は

$$p = p_{aa} + p_{ha} = \frac{1}{10} + \frac{3}{10} = \frac{2}{5}$$

〔正解〕 2

------ 〔問〕 **13** ------

傾斜角度が α の斜面がある。小物体が図のように点 O から斜面に対して β の角度で発射され，斜面上の点 P に落下した。物体が発射されてから点 P に到達するまでの時間を T とするとき，物体の初速度の大きさ V_0 を表す式として正しいものを次の中から一つ選べ。ただし，重力加速度を g とする。また，空気抵抗は無視できるとする。

1 $V_0 = \dfrac{gT}{2\{\sin(\alpha+\beta) - \cos(\alpha+\beta)\tan\alpha\}}$

2 $V_0 = \dfrac{gT}{\sin(\alpha+\beta) - \cos(\alpha+\beta)\tan\alpha}$

3 $V_0 = \dfrac{gT}{2\{\sin\beta - \cos\beta\tan\alpha\}}$

4 $V_0 = \dfrac{gT}{\sin\beta - \cos\beta\tan\alpha}$

5 $V_0 = \dfrac{gT}{2\{\sin(\alpha+\beta) - \cos(\alpha+\beta)\}}$

〔題意〕 落体運動に関する理解をみる。

〔解説〕 物体の出発点 O を原点とする直交座標を考え，横軸を x，縦軸を y とする。また時間を t とする。初速度の x 成分は $V_0\cos(\alpha+\beta)$，y 成分は $V_0\sin(\alpha+\beta)$ であるから，物体の x 方向，y 方向の運動方程式はつぎのようになる。

$$x = V_0\cos(\alpha+\beta)t$$

$$y = -\frac{1}{2}gt^2 + V_0\sin(\alpha+\beta)t$$

点Pの座標をx_T, y_Tとする。点Pは時刻$t = T$における物体の位置であるから

$$x_T = V_0 \cos(\alpha + \beta)T \tag{1}$$

$$y_T = -\frac{1}{2}gT^2 + V_0 \sin(\alpha + \beta)T \tag{2}$$

である。また点Pは角αの斜面上にあるから

$$x_T \tan \alpha = y_T \tag{3}$$

である。式(1)と式(2)を式(3)に代入すると

$$V_0 \cos(\alpha + \beta)T \tan \alpha = -\frac{1}{2}gT^2 + V_0 \sin(\alpha + \beta)T$$

すなわち

$$V_0(\cos(\alpha + \beta)\tan \alpha - \sin(\alpha + \beta)) = -\frac{1}{2}gT$$

したがって

$$V_0 = \frac{gT}{2\{\sin(\alpha + \beta) - \cos(\alpha + \beta)\tan \alpha\}}$$

〔正 解〕 **1**

----- 〔問〕 **14** -----

　質量mの小物体が天井からロープで吊るされている。物体を横方向にゆっくりと引っ張り，水平方向に力Fを加えて安定した状態にする。鉛直方向に対してロープがなす角度θを表す式として正しいものを次の中から一つ選べ。ただし，重力加速度をgとする。また，ロープの質量は無視できるものとする。

1　$\dfrac{mg}{F}$

2　$\dfrac{F}{mg}$

3　$\tan^{-1}\left(\dfrac{mg}{F}\right)$

4　$\tan^{-1}(mgF)$

5　$\tan^{-1}\left(\dfrac{F}{mg}\right)$

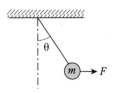

[題 意]　力のつり合いに関する理解をみる。

[解 説]　ロープの張力を T とする。張力の鉛直成分 $T_y = T\cos\theta$ は物体に働く重力と釣り合っているから

$$T\cos\theta = mg$$

である。また張力の水平成分 $T_x = T\sin\theta$ は外力 F とつり合っているから

$$T\sin\theta = F$$

である。上の二つの式を辺々相割って T を消去すると

$$\frac{\sin\theta}{\cos\theta} = \tan\theta = \frac{F}{mg}$$

すなわち

$$\theta = \tan^{-1}\left(\frac{F}{mg}\right)$$

となる。

[正 解]　5

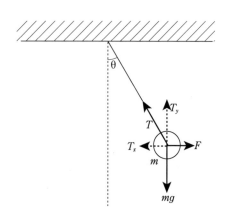

-------- [問] 15 --

　図のような，電源（起電力 V，内部抵抗値 r），コンデンサー（電気容量 C），外部抵抗（抵抗値 R），スイッチ S で構成される回路がある。まず，スイッチ S を接点 a に接続し，充分時間をかけてコンデンサーを充電しておく。時刻 $t = 0$ でスイッチ S を接点 b に切り替えるとき，$t \geq 0$ で外部抵抗を流れる電流の大きさを表す式として正しいものを次の中から一つ選べ。ただし，接点の起電力や接触抵抗は無視できる。

1　$\dfrac{V}{r+R}$

2　$\dfrac{V}{R}$

3　$\dfrac{V}{r+R}e^{-\frac{t}{(r+R)C}}$

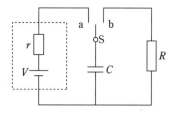

4　$\dfrac{V}{R}\mathrm{e}^{-\frac{t}{RC}}$

5　$\dfrac{V}{R}\left(1-\mathrm{e}^{-\frac{t}{RC}}\right)$

【**題　意**】　電気回路に関する理解をみる。

【**解　説**】　スイッチSをaに接続してコンデンサーを電圧Vまで充電した後，スイッチをbに接続するとコンデンサーは抵抗Rを通って放電される。したがって電流iはtが小さいときには（ゼロに近いときには）$\dfrac{V}{R}$であり，時間の経過とともに減衰して無限時間後にはゼロになる（図1を参照）。その様子を表しているのは**4**の関数だけである。したがって正解は**4**。

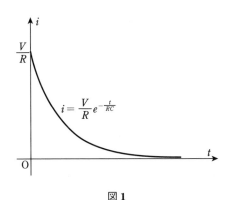

図1

（参考）　**4**の式はつぎのようにして得られる。スイッチSをa側に接続して十分に長い時間待つとコンデンサーCは電圧Vに充電される。このとき図2に示すように上の電極がプラス極になる。つぎにスイッチSをb側に接続すると，コンデンサーは抵抗Rを通じて放電される。

いまコンデンサーに溜まっている電荷（プラス極の電荷）をQとすると，Rを下から上へ流れる電流は$\dfrac{dQ}{dt}$である。図2に示したC，R，b，Sを結ぶ閉回路には電池などの起電力は含まれないから，この回路に沿った電圧の和はゼロである。

$$\frac{Q}{C}+R\frac{dQ}{dt}=0 \tag{1}$$

ここで，第1項はコンデンサーの端子電圧，第2項は抵抗による電圧降下である。

この微分方程式の解を求めるために, $Q = Q_0 e^{-\alpha t}$ という関数形を仮定する。すると $\alpha = \dfrac{1}{RC}$ のときにこの関数は式 (1) を満たすことがわかる。したがって

$$Q = Q_0 e^{-\frac{t}{RC}}$$

$t = 0$ のときコンデンサーの電圧は V であったから, $Q_{t=0} = CV$ である。ゆえに, $Q_0 = CV$ である。したがって

$$Q = CV \cdot e^{-\frac{t}{RC}}$$

である。電流 i は電荷 Q を時間微分したものだから

$$i = \frac{dQ}{dt} = -CV \frac{1}{RC} e^{-\frac{t}{RC}} = -\frac{V}{R} e^{-\frac{t}{RC}}$$

となる。ゆえに電流の大きさは $|i| = \dfrac{V}{R} e^{-\frac{t}{RC}}$ である。

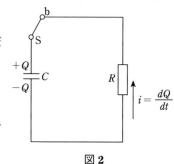

図 2

[正 解] 4

---- **[問]** 16 ---------------------------------

焦点距離が f の薄い凸レンズから, a だけ離れた位置に物体 A を置き, レンズから b の位置にスクリーンを置くと結像した。スクリーンに結像した像の倍率を表す式として正しいものを次の中から一つ選べ。ただし, $a > f$, $b > f$ とする。

1   $\dfrac{a-f}{f}$

2   $\dfrac{a+f}{f}$

3   $\dfrac{a}{f}$

4   $\dfrac{f}{a-f}$

5   $\dfrac{f}{a+f}$

（図：レンズ・スクリーン・物体 A、a、f、b の距離を示す光学図）

[題 意]　レンズの式に関する理解をみる。

[解 説]　つぎの図は, 問題文に与えられた図に物体の上端から出る 2 本の光線を

描き加えたものである。この図からわかるように，三角形 AOB と三角形 QOR は相似であるから，倍率 $\dfrac{\mathrm{QR}}{\mathrm{AB}}$ は $\dfrac{b}{a}$ に等しい。また，レンズの公式

$$\frac{1}{a} + \frac{1}{b} = \frac{1}{f}$$

より

$$b = \frac{af}{a-f}$$

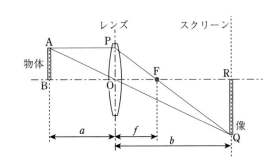

である。ゆえに倍率は

$$\frac{b}{a} = \frac{f}{a-f}$$

となる。

〔正解〕 4

---- 問 17 ----

セシウム 137 が 1/20 に減ずるのにかかる年数としてもっとも近いものを次の中から一つ選べ。ただし，$\log_{10} 2 = 0.30$ とし，セシウム 137 の半減期は 30 年であるものとする。

1　110 年

2　120 年

3　130 年

4　140 年

5　150 年

〔題意〕 放射性崩壊の半減期に関する理解をみる。

〔解説〕 セシウム 137 が 1/20 に減ずるに要する年数を半減期 T の n 倍であるとする。すると

$$\left(\frac{1}{2}\right)^n = \frac{1}{20}$$

である。両辺の常用対数をとると

$$-n \log 2 = -\log 20 = -1 - \log 2$$

ゆえに

$$n = \frac{1 + \log 2}{\log 2} = \frac{1 + 0.30}{0.30} = 4.3$$

となる。すなわち，1/20 になるには半減期 30 年の 4.3 倍，すなわち 129 年の時間が必要である。これに最も近いのは **3** の 130 年である。

〔正 解〕 3

〔問〕 18

速さ 340 m／s，周期 1.0 ms の波の波長としてもっとも近いものを次の中から一つ選べ。

   1   6.8 m

   2   3.4 m

   3   1.7 m

   4   0.68 m

   5   0.34 m

〔題 意〕 波の基本的性質に関する知識をみる。

〔解 説〕 音の波長 λ は，音速 × 周期であるから

   $\lambda = 340 \times 0.001 = 0.34\,[\text{m}]$

である。

〔正 解〕 5

〔問〕 19

図 1 のように，光が空気中から断面が正三角形のプリズムのある面から入射し，別の面で内部反射した後，他の面から空気中に出射している。入射光の方向を固定したまま，プリズムを図 2 のように微小角 $\theta(>0)$ だけ傾けた。このとき，プリズムを傾けた後の光の出射方向と，プリズムを傾ける前の光の出射方向とのなす角の大きさ ϕ として正しいものを次の中から一つ選べ。

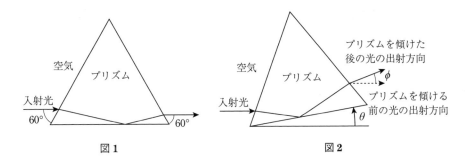

図1　　　　　　　　　　　図2

1　2θ

2　1.5θ

3　θ

4　0.5θ

5　0

［題意］ スネルの法則に関する理解をみる。

［解説］ 最初に**図3**を参照しながら，正三角形プリズムの左側から点Dに入射する光線の入射角 α と，プリズムの右側の点Fから出ていく光線の出射角 δ がつねに等しいことを示す。図3において，N_1 と N_2 は，それぞれ面 AB，AC の法線である。図3のように入射光の屈折角を β とすると，スネルの法則により

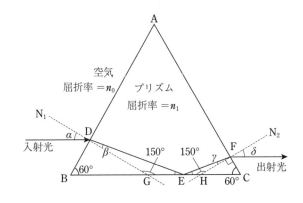

図3　入射角と出射角

$$\frac{\sin \alpha}{n_1} = \frac{\sin \beta}{n_0} \tag{1}$$

である。ここで，n_0 は空気の屈折率，n_1 はプリズムの屈折率である。いま三角形 GDE と三角形 HFE を比べる。$\angle \mathrm{DGE} = \angle \mathrm{FHE}(= 150°)$ であり，$\angle \mathrm{DEG}$ と $\angle \mathrm{FEH}$ は全反射の入射角と反射角であるから等しい。したがってこれら二つの三角形は相似である。このことから，点 D における屈折角 β と点 F への入射角 γ は等しい。

$$\beta = \gamma \tag{2}$$

点 F における屈折にスネルの法則を適用すると

$$\frac{\sin \gamma}{n_0} = \frac{\sin \delta}{n_1} \tag{3}$$

である。式 (1)，(2)，(3) から

$$\frac{\sin \alpha}{n_1} = \frac{\sin \delta}{n_1}$$

であるから

$$\alpha = \delta$$

となる。すなわち，正三角形プリズムでは，点 D に入射するときの入射角と点 F から出射するときの出射角は常に等しい。問題文に与えられた図 1 は，$\alpha = \delta = 30°(= 90° - 60°)$ の場合に相当している。

つぎに，入射光の方向を固定したままプリズムを反時計方向に θ だけ傾けたときに，出射光の向きがどう変わるかを考える。**図 4** は，入射光の向きと出射光の向きだけを示したもので，プリズム内部の光線は簡単のために省略してある。プリズムを反時計回りに角 θ だけ傾けると，法線 N_1 も反時計方向に θ だけ傾いて N_1' となる。すると左からくる光線の入射角は θ だけ小さくなる。問題中に与えられた図 1 を見ると，プリズムを傾ける前の入射角は $30°(= 90° - 60°)$ であるから，傾けた後は

$$\alpha = 30° - \theta$$

となる。上に述べたことから，右側から出射する光の出射角も同様に

$$\delta = 30° - \theta$$

となり，出射角も θ だけ小さくなる。さらにこのとき法線 N_2 もプリズムとともに反時計方向に角 θ だけ傾いて N_2' となっている。したがって合計すると出射光の方向は，プリズムを傾ける前に比べて 2θ だけ反時計方向に傾く。ゆえに $\phi = 2\theta$。

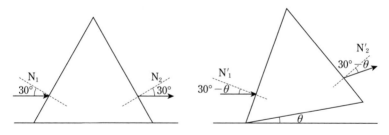

図4　プリズムを傾けた場合

正解　1

問 20

質量 M で密度 ρ_s の固体を，液体中に沈めてひょう量したところ，その見かけの質量は m であった。この液体の密度を表す式として，正しいものを次の中から一つ選べ。ただし，液体の固体へのしみ込みはないとし，固体の密度は液体の密度より大きいとする。

1　$\dfrac{M+m}{M}\rho_s$

2　$\dfrac{M-m}{M}\rho_s$

3　ρ_s

4　$\dfrac{M}{M-m}\rho_s$

5　$\dfrac{M}{M+m}\rho_s$

題意　アルキメデスの原理に関する理解をみる。

解説　質量 M，体積 V の固体を密度 ρ の液体中に沈めると浮力が働き，アルキメデスの原理により固体の見かけの質量は $m = M - \rho V$ となる。また $V = \dfrac{M}{\rho_s}$ であるから

$$m = M - \rho\dfrac{M}{\rho_s}$$

である。これより

$$\rho = \frac{M-m}{M}\rho_s$$

が得られる。

【正 解】 2

---- 〔問〕 21 ----------

　地球の温暖化により海水の平均温度が1℃上昇する時，海水の熱膨張による海面上昇の値として，もっとも近いものを次の中から一つ選べ。ただし，海水の熱膨張係数（体膨張係数）は 2×10^{-4}/K，海の平均深さは4000mと仮定する。また，海面上昇は海水の熱膨張のみによるとし，海面上昇による海の面積変化や，蒸発による影響，氷河・氷床の融解等は考えない。

　1　2 cm

　2　8 cm

　3　20 m

　4　80 cm

　5　200 cm

【題 意】　液体の熱膨張に関する理解をみる。

【解 説】　海の面積を S とし，平均の深さを h とすると，海水の体積 V は $V = Sh$ である。海水の温度上昇を ΔT，海水の体膨張係数を α とすると，海水温の上昇による体積変化は $\Delta V = V\alpha\Delta T$ である。したがって海の深さの変化量は

$$\Delta h = \frac{\Delta V}{S} = \alpha h \Delta T$$

である。$\alpha = 0.0002$，$h = 4000$，$\Delta T = 1$ を代入すると，$\Delta h = 0.8$ m である。すなわち Δh は 80 cm である。

【正 解】 4

----- 問 22 -----

SI 組立単位の中には固有の名称を持つものがある。次の物理量とその物理量を表す単位の組み合わせの中で，誤っているものを一つ選べ。

1 力　　　　　Pa（パスカル）

2 周波数　　　Hz（ヘルツ）

3 磁束密度　　T（テスラ）

4 照度　　　　lx（ルクス）

5 電気抵抗　　Ω（オーム）

〔題意〕 SI 組立単位に関する知識をみる。

〔解説〕 **1**：力の単位は N（ニュートン）である。Pa（パスカル）は圧力の単位である。

2，**3**，**4**，**5** は基礎知識より正しい。

〔正解〕 **1**

----- 問 23 -----

次のグラフの中で，超伝導（超電導）体の温度 T と電気抵抗 R の関係を示すものはどれか。正しいものを次の中から一つ選べ。

1 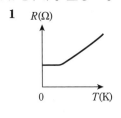　**2** 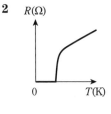　**3**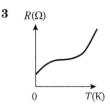

4 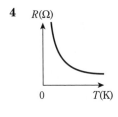　**5**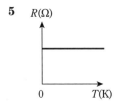

[題　意] 超伝導に関する基礎知識をみる。

[解　説] 超伝導体の電気抵抗は，臨界温度と呼ばれるある温度以下で 0 になる。超電導状態では単に電気抵抗が極端に小さくなるのではなく，本当に 0 になる。その様子を表しているグラフは **2** である。グラフ **1** や **3** のように，低温域で抵抗値が小さくなっていても 0 になっていないものは正しくない。

[正　解] **2**

-------- [問] 24 --

密度 800 kg / m³ の液体が体積流量 1 800 m³ / h で流れているとき，その質量流量の値としてもっとも近いものを次の中から一つ選べ。

1　40 kg / s

2　160 kg / s

3　400 kg / s

4　1 600 kg / s

5　24 000 kg / s

[題　意] 体積流量と質量流量に関する知識をみる。

[解　説] 密度 800 kg / m³ の液体が体積流量 1 800 m³ / h で流れているときは，1 時間当り 800 × 1 800 = 1 440 000 kg の液体が流れる。これを 1 秒当りに変換すると，1 440 000 / 3 600 = 400〔kg〕の液体が流れる。

[正　解] **3**

-------- [問] 25 --

図に示すように底面が管で接続された直径の異なる二つの円柱形シリンダーがある。それぞれのシリンダーには，上下に自由に動き質量の無視できるピストンが設置されていて，両シリンダーとそれらを接続する管の内部は密度 1 000 kg / m³ の非圧縮性の液体で満たされている。左側の断面積 0.1 m² のピストンに質量 10 kg のおもりを乗せたとき，断面積 0.05 m² の右側のピストンは上昇し，ある位置でつりあった。この場所の重力加速度を 9.8 m / s² としたとき，左

側のピストンに比べ右側のピストンはどのくらい高くなるか，もっとも近いものを次の中から一つ選べ。ただし，ピストンでの液体の漏れはないとする。

1　2 cm

2　5 cm

3　10 cm

4　20 cm

5　50 cm

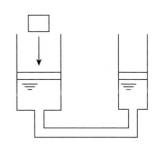

【題 意】　液体の力学的つり合いに関する理解をみる。

【解 説】　下図において

(1)　左側のシリンダーは断面積が 0.1 m^2 であるから，10 kg のおもりを乗せるとシリンダー直下の圧力は大気圧から $10\,g/0.1 = 100\,g$〔N/m^2〕だけ上昇する。ここで，g は重力加速度の大きさである。

(2)　右側のピストンの位置が，左側のピストンの位置よりも h〔m〕だけ高くなったとすると，右シリンダーの面 S の位置における圧力は，大気圧より $h \times 0.05 \times 1\,000\,g/0.05 = 1\,000\,hg$〔N/m^2〕だけ高くなる。

最初つり合っていた左右のピストンが，おもりを乗せた後もつり合うためには，上記の (1)，(2) の圧力上昇量が等しい必要がある。したがって

$$100\,g = 1\,000\,hg$$

ゆえに $h = 0.1$〔m〕。すなわち 10 cm である。

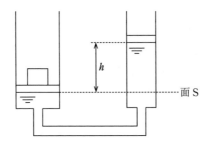

【正 解】　3

1.2 第72回 (令和3年12月実施)

---- 問 1 ----

図のように正六角形 ABCDEF があり，点 O はその中心を示している。ここで $\overrightarrow{AC} = \vec{a}$，$\overrightarrow{AF} = \vec{b}$ とするとき，ベクトル $\overrightarrow{ED}$ を $\vec{a}$，$\vec{b}$ で表したものとして正しいものを次の中から一つ選べ。

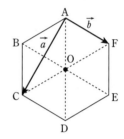

1 $\vec{a} - \vec{b}$

2 $-\dfrac{1}{2}\vec{a} + \dfrac{1}{2}\vec{b}$

3 $\dfrac{1}{2}\vec{a} - \dfrac{1}{2}\vec{b}$

4 $\dfrac{1}{2}\vec{a} - \vec{b}$

5 $\vec{a} - \dfrac{1}{2}\vec{b}$

題意　ベクトル演算に関する知識をみる。

解説　右図において，点 C から点 F に向かうベクトル $\overrightarrow{CF}$ を考えると，ベクトルの演算規則から $\overrightarrow{AC} + \overrightarrow{CF} = \overrightarrow{AF}$ が成り立つ。したがって

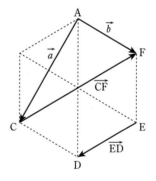

$$\overrightarrow{CF} = \overrightarrow{AF} - \overrightarrow{AC} = \vec{b} - \vec{a}$$

正六角形の中の6個の三角形はすべて正三角形であるから，直線 CF と直線 DE は平行であり，直線 CF の長さは直線 DE の長さの2倍である。ベクトルの向きに注意すると，$\overrightarrow{CF} = -2\overrightarrow{ED}$ である。したがって

$$\overrightarrow{ED} = -\frac{1}{2}(\vec{b} - \vec{a}) = \frac{1}{2}\vec{a} - \frac{1}{2}\vec{b}$$

正解　3

----- 問 2 -----

三進数で表すと 20 211 212 となる数を，九進数で表した結果として正しいものを次の中から一つ選べ。

1 6 565

2 6 655

3 6 675

4 6 745

5 6 755

題意 進数変換（基数変換）に関する理解をみる。

解説 $9=3^2$ であるから，三進数の2桁が九進数の1桁になる。三進数 20 211 212 を右側から2桁ずつ十進数に変換すると

$(12)_{三進数} = 1 \times 3 + 2 \times 1 = 5$

$(21)_{三進数} = 2 \times 3 + 1 \times 1 = 7$

$(20)_{三進数} = 2 \times 3 + 0 \times 1 = 6$

十進数の5，6，7は九進数でも5，6，7であるから，三進数の 20 211 212 は九進数の 6 755 である。

正解 5

----- 問 3 -----

二次方程式 $x^2 - ax + 4b = 0$ において，a，b は自然数であり，二つの解 α，β はそれぞれ不等式 $1 < \alpha < 2$ および $5 < \beta < 6$ を満たしているものとする。このとき，自然数 a，b として正しいものを次の中から一つ選べ。

1 $a = 6$, $b = 1$

2 $a = 6$, $b = 2$

3 $a = 7$, $b = 1$

4 $a = 7$, $b = 2$

5 $a = 7$, $b = 3$

(題 意)　二次方程式に関する知識をみる。

(解 説)　二次方程式の根と係数の関係より

$$\alpha + \beta = a$$
$$\alpha\beta = 4b$$

$1 < \alpha < 2,\ 5 < \beta < 6$ であるから

$$6 < \alpha + \beta < 8$$
$$5 < \alpha\beta < 12$$

である。ゆえに

$$6 < a < 8$$
$$1.25 < b < 3$$

となる。$a,\ b$ はともに自然数（正の整数）であるから，$a = 7,\ b = 2$ である。

(正 解)　4

------- **問** 4 -------

三次元直交座標系において，点 A(1, 0, 0)，点 B(0, −1, 0) および点 C(0, 0, 2) の 3 点を通る平面がある。この平面に垂直なベクトル $\vec{n}$ として正しいものを次の中から一つ選べ。

1　$\vec{n} = (1, -2, 1)$

2　$\vec{n} = (1, -1, 1)$

3　$\vec{n} = (1, -1, 2)$

4　$\vec{n} = (2, -2, 1)$

5　$\vec{n} = (2, -1, 2)$

(題 意)　ベクトルの内積に関する理解をみる。

(解 説)　ベクトル $\vec{n}$ がある平面に垂直であると，$\vec{n}$ はその平面上のあらゆる直線に直交する。点 A から点 B へと向かうベクトル $\overrightarrow{AB}$，点 B から点 C へ向かうベクトル $\overrightarrow{BC}$，点 C から点 A へ向かうベクトル $\overrightarrow{CA}$ を考えると，これらは 3 点 A，B，C を通る平面上にあるから，ベクトル $\vec{n}$ はこれらすべてに直交しなければならない。直交するかどうかは，ベクトルの内積が 0 になるかどうかを見ればよい。

点 A，B，C の座標からベクトル $\overrightarrow{AB}$，$\overrightarrow{BC}$，$\overrightarrow{CA}$ の成分を計算すると

$$\overrightarrow{AB} = \overrightarrow{AB}(-1, -1, 0)$$

$$\overrightarrow{BC} = \overrightarrow{BC}(0, 1, 2)$$

$$\overrightarrow{CA} = \overrightarrow{CA}(1, 0, -2)$$

である。

　まず，各選択肢に与えられたベクトル $\vec{n}$ がベクトル $\overrightarrow{AB}$ と直交するかどうかを調べてみる。

1：$\vec{n} = (1, -2, 1)$

$$\begin{aligned}
\overrightarrow{AB} \cdot \vec{n} &= (-1, -1, 0) \cdot (1, -2, 1) \\
&= -1 \times 1 + (-1) \times (-2) + 0 \times 1 \\
&= 1
\end{aligned}$$

2：$\vec{n} = (1, -1, 1)$

$$\begin{aligned}
\overrightarrow{AB} \cdot \vec{n} &= (-1, -1, 0) \cdot (1, -1, 1) \\
&= -1 \times 1 + (-1) \times (-1) + 0 \times 1 \\
&= 0
\end{aligned}$$

3：$\vec{n} = (1, -1, 2)$

$$\begin{aligned}
\overrightarrow{AB} \cdot \vec{n} &= (-1, -1, 0) \cdot (1, -1, 2) \\
&= -1 \times 1 + (-1) \times (-1) + 0 \times 2 \\
&= 0
\end{aligned}$$

4：$\vec{n} = (2, -2, 1)$

$$\begin{aligned}
\overrightarrow{AB} \cdot \vec{n} &= (-1, -1, 0) \cdot (2, -2, 1) \\
&= -1 \times 2 + (-1) \times (-2) + 0 \times 1 \\
&= 0
\end{aligned}$$

5：$\vec{n} = (2, -1, 2)$

$$\begin{aligned}
\overrightarrow{AB} \cdot \vec{n} &= (-1, -1, 0) \cdot (2, -1, 2) \\
&= -1 \times 2 + (-1) \times (-1) + 0 \times 2 \\
&= -1
\end{aligned}$$

以上のことから，$\overrightarrow{AB}$と直交するのは **2**，**3**，**4** の$\overrightarrow{n}$である。以下では，これら三つのベクトルがベクトル$\overrightarrow{BC}$ (0, 1, 2) と直交するかどうかを調べる。

2 : $\overrightarrow{n}=(1, -1, 1)$

$$\overrightarrow{BC}\cdot\overrightarrow{n}=(0, 1, 2)\cdot(1, -1, 1)$$
$$=0\times1+1\times(-1)+2\times1$$
$$=1$$

3 : $\overrightarrow{n}=(1, -1, 2)$

$$\overrightarrow{BC}\cdot\overrightarrow{n}=(0, 1, 2)\cdot(1, -1, 2)$$
$$=0\times1+1\times(-1)+2\times2$$
$$=3$$

4 : $\overrightarrow{n}=(2, -2, 1)$

$$\overrightarrow{BC}\cdot\overrightarrow{n}=(0, 1, 2)\cdot(2, -2, 1)$$
$$=0\times2+1\times(-2)+2\times1$$
$$=0$$

以上のことから，**4** の$\overrightarrow{n}$のみがベクトル$\overrightarrow{AB}$と$\overrightarrow{BC}$の両方に直交することがわかる。したがって，正解は **4** である。

ベクトル$\overrightarrow{CA}$に対する直交性は吟味しなくてもよい。なぜなら，$\overrightarrow{CA}=-\overrightarrow{AB}-\overrightarrow{BC}$の関係があるので，ベクトル$\overrightarrow{n}$が$\overrightarrow{AB}$と$\overrightarrow{BC}$の両方に直交していれば，$\overrightarrow{CA}$とは必ず直交するからである。

$$\overrightarrow{n}\cdot\overrightarrow{CA}=\overrightarrow{n}\cdot(-\overrightarrow{AB}-\overrightarrow{BC})=-(\overrightarrow{n}\cdot\overrightarrow{AB}+\overrightarrow{n}\cdot\overrightarrow{BC})=0$$

〔正 解〕　**4**

------- 問 **5** ---

$z+\dfrac{1}{z}=1+\mathrm{i}$のとき，$z^2+\dfrac{1}{z^2}$の値として正しいものを次の中から一つ選べ。ただし，iは虚数単位である。

1　$-1+2\mathrm{i}$

2　$1+2\mathrm{i}$

3　$-2+2\mathrm{i}$

4　$2 + 2i$

5　$2i$

（題 意）　複素数の計算に関する知識をみる。

（解 説）

$$\left(z + \frac{1}{z}\right)^2 = z^2 + 2 + \frac{1}{z^2}$$

であるから

$$z^2 + \frac{1}{z^2} = \left(z + \frac{1}{z}\right)^2 - 2 = (1 + i)^2 - 2 = 1 + 2i - 1 - 2 = -2 + 2i$$

（正 解）　**3**

───── 問 **6** ─────

$\tan x = 3$ のとき，$\sin 2x$ の値として正しいものを次の中から一つ選べ。ただし，x の単位はラジアンであり，$0 < x < \dfrac{\pi}{2}$ とする。

1　$\dfrac{3}{10}$

2　$\dfrac{3}{5}$

3　$\dfrac{\sqrt{10}}{5}$

4　$\dfrac{4}{5}$

5　$\dfrac{3\sqrt{10}}{10}$

（題 意）　三角関数に関する理解をみる。

（解 説）　三角関数の公式より

$$\tan x = \frac{\sin x}{\cos x}$$

$$\sin 2x = 2 \sin x \cos x$$

の関係がある。いま $\cos x = y$ とおく。$\sin^2 x + \cos^2 x = 1$ であるから，$\sin x = \pm\sqrt{1 - y^2}$ であるが，問題文より x は第 1 象限にあるので $\sin x$ は正である。したがって，

$\sin x = \sqrt{1-y^2}$ である。

　問題文より，$\tan x = \dfrac{\sqrt{1-y^2}}{y} = 3$ である。これより，$\sqrt{1-y^2} = 3y$ である。ゆえに $y^2 = \dfrac{1}{10}$ である。求める $\sin 2x$ を y で表すと

$$\sin 2x = 2\sqrt{1-y^2} \cdot y = 2 \times 3y \times y = 6y^2$$

となる。$y^2 = \dfrac{1}{10}$ であるから，$\sin 2x = 6y^2 = \dfrac{6}{10} = \dfrac{3}{5}$ である。

[正 解]　**2**

---- 問 7 --

　次の極限式

$$\lim_{x \to -1} \frac{x^2 + ax + b}{x+1} = -4$$

が成り立つとき，a 及び b の値として正しいものを次の中から一つ選べ。

　1　$a = -2,\ b = -3$

　2　$a = -1,\ b = -2$

　3　$a = 0,\ b = -1$

　4　$a = 1,\ b = 0$

　5　$a = 2,\ b = 1$

[題 意]　関数の極限に関する理解をみる。

[解 説]

$$\lim_{x \to -1} \frac{x^2 + ax + b}{x+1}$$

において，x が -1 に近づくとき分母は 0 に近づく。したがって，関数が発散しないで収束するためには分子も因子 $(x+1)$ を含まねばならない。すなわち，分子の二次式は，$x^2 + ax + b = (x+1)(x+\alpha)$ と表される。

　他方

$$\lim_{x \to -1} \frac{(x+1)(x+\alpha)}{x+1} = \alpha - 1$$

であるから，問題文により，$\alpha - 1 = -4$ である。したがって，$\alpha = -3$ である。

以上より，$x^2 + ax + b = (x+1)(x-3) = x^2 - 2x - 3$ であるから，$a = -2$, $b = -3$ である。

[正解] 1

---- [問] 8 ----

直線 $y = ax + b$ が二つの二次曲線

$$y = x^2 + x + 1$$

$$y = x^2 + 2x + 2$$

のいずれにも接するとき，a および b の値として正しいものを次の中から一つ選べ。

1　$a = -1$, 　$b = -\dfrac{1}{2}$

2　$a = -\dfrac{1}{2}$, $b = \dfrac{7}{16}$

3　$a = 1$, 　　$b = \dfrac{1}{2}$

4　$a = \dfrac{1}{2}$, 　$b = \dfrac{7}{16}$

5　$a = \dfrac{3}{2}$, 　$b = \dfrac{3}{4}$

[題意] 曲線への接線に関する理解をみる。

[解説] 直線

$$y = ax + b$$

と二次曲線

$$y = x^2 + x + 1$$

が接するときは，これらを連立させた方程式の二つの根は重根となる。二つの方程式から y を消去すると

$$ax + b = x^2 + x + 1$$

すなわち

$$x^2 + (1-a)x + (1-b) = 0$$

この二次方程式が重根を持つためには判別式 D が 0 でなければならない。

$$D = (1-a)^2 - 4(1-b) = a^2 - 2a + 4b - 3 = 0 \tag{1}$$

二次曲線 $y = x^2 + 2x + 2$ に関しても同様に，直線の式と連立させて y を消去すると

$$ax + b = x^2 + 2x + 2$$

すなわち

$$x^2 + (2-a)x + (2-b) = 0$$

同様に，この二次方程式も重根を持つから判別式 D が 0 でなければならない。

$$D = (2-a)^2 - 4(2-b) = a^2 - 4a + 4b - 4 = 0 \tag{2}$$

式 (1) と式 (2) を辺々相減じて b を消去すると

$$2a + 1 = 0$$

となる。ゆえに $a = -\dfrac{1}{2}$。また式 (1) より $b = \dfrac{7}{16}$ である。

(正 解)　**2**

---- 問 **9** --

関数

$$f(x) = x^3 + ax^2 + bx + c$$

は，点 $(1, 2)$ に関して点対称であり，$x = 3$ で極小値をとる。このとき，a, b, c の値として正しいものを次の中から一つ選べ。

　1　$a = -3$,　$b = -9$,　$c = 13$

　2　$a = -1$,　$b = 3$,　$c = -6$

　3　$a = 1$,　　$b = -3$,　$c = 12$

　4　$a = 3$,　　$b = 6$,　　$c = 15$

　5　$a = 6$,　　$b = -12$,　$c = 10$

(題 意)　関数とグラフ，および微分に関する理解をみる。

(解 説)　$f(x)$ は三次曲線であるから変曲点に関して点対称な曲線である。したがって $f(x)$ は変曲点が点 $(1, 2)$ であるような三次曲線である。以下，題意の条件を順次考慮していく。

　(1)　変曲点は曲線上にある点だから，曲線は点 $(1, 2)$ を通る。したがって

$$(1)^3 + a(1)^2 + b(1) + c = 2$$

すなわち

$$a + b + c = 1 \tag{a}$$

である。

（2）　曲線は $x = 3$ で極小値を取るから，$f(x)$ の導関数は $x = 3$ で 0 になる。$f(x)$ の導関数は

$$f'(x) = 3x^2 + 2ax + b$$

で与えられる。したがって

$$f'(3) = 27 + 6a + b = 0 \tag{b}$$

である。

（3）　曲線は $x = 1$ で変曲点になる。したがって，2 階微分 $f''(x) = 6x + 2a$ はこの点で 0 になる。

$$f''(1) = 6 + 2a = 0 \tag{c}$$

である。

式 (c) より，$a = -3$，式 (b) より $b = -9$，式 (a) より $c = 13$ が得られる。

[正解]　**1**

---- [問] **10** --

確率・統計に関する次の記述の中から誤っているものを一つ選べ。

1　正規分布の確率密度関数の形は確率変数の平均値に対して対称である。

2　相関係数 r は常に $|r| \le 1$ である。

3　事象 A と B の両方に属する標本点がなければ A と B は互いに排反である。ただし，A と B は空事象でないとする。

4　確率変数 x の累積分布関数を $F(x)$ とすると，$\displaystyle\lim_{x \to +\infty} F(x) = 1$ となる。

5　標準偏差は平均偏差とも言う。

[題意]　確率，統計に関する基礎知識をみる。

[解説]　各選択肢を順に検討する。

1：正規分布の確率密度関数は平均値の両側で左右対称なガウス関数である。正しい。

2：基礎知識。正しい。相関係数とは，二つのデータセット間にある線形関係の強弱を示す数で，−1 以上 +1 以下の実数値をとる。相関係数が正のときはデータセット間に正の相関が，負のときは負の相関があるという。また相関係数が 0 のときは無相関であるという。相関係数が ±1 のときは，二つのデータセット間には完全な（ばらつきのない）線形関係がある。

3：事象 A と事象 B が「互いに排反である」とは「事象 A と事象 B が同時に起こることがない」ことである。事象 A と事象 B の両方に属する標本がなければこれらの事象が同時に起こることはないから，互いに排反である。正しい。

4：累積分布関数 $F(x)$ は，確率密度関数 $f(x)$ を $x=-\infty$ から $x=x$ までの区間で積分したものである。したがって $\lim_{x\to+\infty} F(x)$ は，$f(x)$ を $x=-\infty$ から $+\infty$ まで積分した量である。これは生起しうる全事象の（どれでもよい）どれかが起きる確率であるから 1 である。正しい。

5：標準偏差と平均偏差は異なる量である。n 個のデータ $x_1, x_2, \cdots, x_n$ があって，その平均値を $\overline{x}$ とするとき，平均偏差はつぎのように与えられる。

$$平均偏差 = \frac{1}{n}\sum_{i=1}^{n}|x_i - \overline{x}|$$

他方，標準偏差は

$$標準偏差 = \sqrt{\frac{1}{n}\sum_{i=1}^{n}(x_i - \overline{x})^2}$$

である。誤り。

【正 解】 **5**

---- **問 11** ----------------------------------

赤，白，青の3色のカード各3枚をよく混ぜて袋に入れ，この中から2枚を無作為に同時に取り出すとき，少なくとも1枚が赤である確率として正しいものを次の中から一つ選べ。

1　$\dfrac{5}{12}$

2　$\dfrac{4}{9}$

3 $\dfrac{17}{36}$

4 $\dfrac{5}{9}$

5 $\dfrac{7}{12}$

[題 意] 確率計算に関する基礎知識をみる。

[解 説] 袋からカードを 2 枚同時に引くのは，1 枚のカードを引いてそれを袋に戻さずに 2 枚目のカードを引くのと同じである。以下，赤でないカードばかり 2 枚引く確率 p を求める。

（1） 1 枚目のカードを引くときは，袋の中に 9 枚のカードが入っており，赤でないカードは 6 枚入っている。したがって 1 枚目のカードが赤でない確率は $\dfrac{6}{9}$ である。

（2） 2 枚目のカードを引くときは，袋の中には 8 枚のカードが入っており，赤でないカードは 5 枚入っている。したがって 2 枚目のカードが赤でない確率は $\dfrac{5}{8}$ である。

引いた 2 枚のカードに赤が混じっていないためには，上の (1)，(2) の事象が同時に起きなければならない（積事象）。したがって確率 p は

$$p = \frac{6}{9} \times \frac{5}{8} = \frac{5}{12}$$

である。

少なくとも 1 枚が赤である確率（余事象の確率）は $1 - p$ であるから

$$1 - p = 1 - \frac{5}{12} = \frac{7}{12}$$

である。

[正 解] 5

[問] 12

正六面体の一つのサイコロを 3 回投げる時，5 以上の目が 2 回，4 以下の目が 1 回出る確率として正しいものを次の中から一つ選べ。

1 $\dfrac{1}{9}$

2 $\dfrac{2}{9}$

3 $\dfrac{1}{3}$

4 $\dfrac{4}{9}$

5 $\dfrac{5}{9}$

[題 意] 確率に関する基礎知識をみる。

[解 説] サイコロの目は1から6まで六つある。そのうち5以上の目は5と6の二つである。したがって，1回の試行で5以上の目が出る確率は $\dfrac{2}{6}=\dfrac{1}{3}$ である。同様に，1回の試行で4以下の目が出る確率は $\dfrac{4}{6}=\dfrac{2}{3}$ である。

（1） サイコロを3回投げて，1回目と2回目が5以上の目で，3回目が4以下の目が出る確率は

$$\frac{1}{3}\times\frac{1}{3}\times\frac{2}{3}=\frac{2}{27}$$

（2） サイコロを3回投げて，1回目が5以上，2回目が4以下，3回目が5以上の目が出る確率は

$$\frac{1}{3}\times\frac{2}{3}\times\frac{1}{3}=\frac{2}{27}$$

（3） サイコロを3回投げて，1回目が4以下，2回目と3回目が5以上の目が出る確率は

$$\frac{2}{3}\times\frac{1}{3}\times\frac{1}{3}=\frac{2}{27}$$

問題文の，「サイコロを3回投げる時，5以上の目が2回，4以下の目が1回が出る」という事象は，三つの事象 (1)，(2)，(3) の和事象である（どれが起きてもよい）。

したがって，その確率は上の三つの確率の和である。

$$\frac{2}{27}+\frac{2}{27}+\frac{2}{27}=\frac{2}{9}$$

[正 解] 2

[問] 13

図に示すように，水平面と斜面（水平面との傾き 45°）がある。質量 m の小球

A が速さ v_0 で水平面を進み，斜面を登って，空中に飛び出した。小球 A が点 B（水平面からの高さ h）を離れて最高点に達したときの水平面からの高さ H として正しいものを次の中から一つ選べ。ただし，重力加速度を g とし，水平面と斜面での摩擦および空気の抵抗は無視できるとする。

1   $\dfrac{v_0^2}{4g} + \dfrac{h}{2}$

2   $\dfrac{v_0^2}{4g} + h$

3   $\dfrac{v_0^2}{2g} + \dfrac{h}{2}$

4   $\dfrac{v_0^2}{2g} + h$

5   $\dfrac{v_0^2}{2g}$

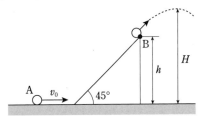

題 意   落体の力学に関する理解をみる。

解 説   図のように，最高点の位置を T と名付ける。点 T における物体の水平方向の速さを v_T とする。エネルギー保存則より，点 T における力学エネルギーは点 A における力学エネルギーに等しい。すなわち

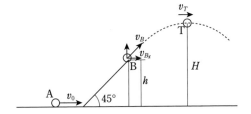

$$\frac{1}{2}mv_0^2 = \frac{1}{2}mv_T^2 + mgH$$

したがって

$$H = \frac{1}{2g}\left(v_0^2 - v_T^2\right) \tag{1}$$

以上のことから，点 T における水平速度 v_T が求まれば H が求まる。

小球が点 B から点 T へ飛ぶ間，小球には水平方向の力は働かないから，v_T は点 B における速度 v_B の水平成分 v_{Bx} と同じである。

$$v_T = v_{Bx} \tag{2}$$

点 B での速さ v_B は，エネルギー保存則

$$\frac{1}{2}mv_0{}^2 = mgh + \frac{1}{2}mv_B{}^2$$

より

$$v_B = \sqrt{v_0{}^2 - 2gh}$$

となる。

斜面の傾きは 45° であるから，B 点における水平方向成分は

$$v_{Bx} = v_B\cos 45° = \frac{v_B}{\sqrt{2}} = \sqrt{\frac{v_0{}^2}{2} - gh} \tag{3}$$

式 (2) より v_T は v_{Bx} に等しいから，式 (3) の v_{Bx} を式 (1) の v_T に代入すると

$$H = \frac{1}{2g}\left(v_0{}^2 - v_{Bx}{}^2\right) = \frac{1}{2g}\left(v_0{}^2 - \left(\frac{v_0{}^2}{2} - gh\right)\right) = \frac{v_0{}^2}{4g} + \frac{h}{2}$$

【正 解】　1

----- 問 14 -----

図に示すように，ばね A の端を天井に固定し，もう一方の端に小球 a を取り付ける。さらに，一端に小球 b が付いたばね B の他端を小球 a に取り付ける。全体が静止しているとき，ばね A，ばね B は自然長からそれぞれ x_1，x_2 だけ伸びている。このとき，x_1 と x_2 を表す式として正しい組み合わせを次の中から一つ選べ。ただし，ばね A，ばね B のばね定数を k，小球 a，小球 b の質量を M とする。また，ばねの質量は無視できるものとし，重力加速度を g とする。

1　$x_1 = \dfrac{M}{k}g,\quad x_2 = \dfrac{M}{k}g$

2　$x_1 = \dfrac{2M}{k}g,\quad x_2 = \dfrac{M}{k}g$

3　$x_1 = \dfrac{M}{k}g,\quad x_2 = \dfrac{2M}{k}g$

4　$x_1 = \dfrac{M}{k}g,\quad x_2 = \dfrac{M}{2k}g$

5　$x_1 = \dfrac{M}{2k}g,\quad x_2 = \dfrac{M}{k}g$

[題意] ばねの性質に関する理解をみる。

[解説] ばね A とばね B は，各々自分より下にある物体の全重量を支えている。ばね B の下には物体 b があり，ばね B はそれに働く重力 Mg を支えている。ばね A の下には物体 a，ばね B，物体 b があり，ばね A はそれらに働く重力の合計 $Mg + 0 + Mg = 2Mg$ を支えている。したがってばね A の伸びは $x_1 = \dfrac{2Mg}{k}$，ばね B の伸びは $x_2 = \dfrac{Mg}{k}$ である。

【注】この問題は，厳密さを追求すれば，抗力や作用，反作用の考えを駆使して議論する必要がある。しかしそれでは時間がかかるし，正確さも変わらないので上のような考え方で十分であろう。

[正解] 2

---- [問] 15 ---

　一様な磁界の真空中において，電子が磁界に垂直な等速円運動をしている。電子にかかる力がこの磁界からのローレンツ力だけであるとしたとき，この円運動の半径として正しいものを次の中から一つ選べ。ただし，磁界の磁束密度は B，電子の速さは v である。また，電子の電荷を $-e$，電子の質量を m とする。

1　$\dfrac{mv}{2eB}$

2　$\dfrac{2eB}{mv}$

3　$\dfrac{eB}{mv}$

4　$\dfrac{mv}{eB}$

5　$\dfrac{2mv}{eB}$

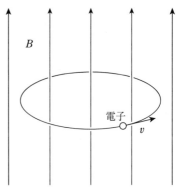

[題意] 物体の回転運動に関する知識とローレンツ力に関する知識をみる。

[解説] 磁界 B に垂直に荷電粒子を入射すると，荷電粒子は運動方向とも磁界の

方向とも直交する方向に大きさ evB の力を受けて円運動をする。この力をローレンツ力といい，円運動のための向心力として働く。

物体が半径 r の円運動をするとき，物体の加速度は，大きさが $\dfrac{v^2}{r}$ で向きは円の中心方向である。物体の質量が m であるとき，その加速度を生じさせるのに必要な向心力 F は $\dfrac{mv^2}{r}$ である。いまの場合はローレンツ力が向心力として働くから

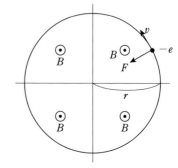

$$F = \frac{mv^2}{r} = evB$$

ゆえに

$$r = \frac{mv}{eB}$$

[正 解] 4

[問] 16

図に示すように，抵抗（抵抗値 R），コンデンサー（静電容量 C），およびコイル（インダクタンス L）を直列に接続した回路がある。電圧値 V が $V = V_0 \sin \omega t$ で表されるような交流電圧源につないだとき，この回路のインピーダンスの大きさとして正しいものはどれか，次の中から一つ選べ。ただし V_0 は定数，ω は角周波数，t は時間とする。

1 $\sqrt{R^2 + \left(\omega C - \dfrac{1}{\omega L}\right)^2}$

2 $\sqrt{R^2 + \left(\omega L - \dfrac{1}{\omega C R}\right)^2}$

3 $\sqrt{R^2 + \left(\omega L - \dfrac{1}{\omega C}\right)^2}$

4 $\sqrt{R^2 + \left(1 - \dfrac{1}{\omega^2 L C}\right)^2}$

5 $\sqrt{\dfrac{\omega^2 R^2 L^2}{R^2 (1 - \omega^2 L C)^2 + \omega^2 L^2}}$

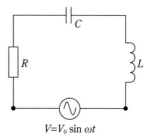

$V = V_0 \sin \omega t$

[題 意] 交流回路に関する理解をみる。

解 説　各素子は直列に接続されているから，回路全体のインピーダンスは各素子のインピーダンスの和として計算できる。しかし複素インピーダンスの知識が必要になったり，微分方程式を解く必要があったりするので，ここでは次元解析の方法で正解を見つける。

容量 C のコンデンサーのインピーダンスの大きさは $\dfrac{1}{\omega C}$ であり，自己インダクタンス L のコイルのインピーダンスの大きさは ωL である。すなわち量 $\dfrac{1}{\omega C}$，ωL，R の次元はいずれも「インピーダンス」である。

以下，各選択肢を順に見ていく。

1：平方根記号内において，第1項の R^2 の次元は「インピーダンスの二乗」であるが，括弧内の量の次元は「インピーダンスの逆数」である。したがって，第2項全体の次元は「インピーダンスのマイナス二乗」である。したがって根号内の第1項と第2項は加減算できない。誤り。

2：括弧内の量 ωL の次元は「インピーダンス」であるが，同じ括弧内の量 $\dfrac{1}{\omega CR}$ は無次元である。したがって括弧内の減算はできない。誤り。

3：全体の次元は「インピーダンス」であり，次元的には問題はない。

4：根号内の括弧の内部の量は無次元である。しかるにその前の量 R^2 の次元は「インピーダンスの二乗」であるから，加減算はできない。誤り。

5：次元的には問題がないが，$\omega = 0$ のときの（直流を流したときの）インピーダンスが0になる。しかしこの回路はコンデンサーを直列に含んでいるから，直流に対してはインピーダンスは無限大になるはずである。誤り。

以上の考察から，正しい式である可能性のあるのは **3** だけである。正解は **3**。

（別解）　角周波数 ω の交流電流を考える。自己インダクタンス L を持つコイルのこの電流に対する複素インピーダンスは $j\omega L$ である。また容量 C を持つコンデンサーの複素インピーダンスは $\dfrac{1}{j\omega C}$ である。また抵抗 R の複素インピーダンスは R である。ただし j は虚数単位である。これらを直列に繋ぐと，その合成インピーダンス Z は

$$Z = R + j\omega L + \frac{1}{j\omega C} = R + j\left(\omega L - \frac{1}{\omega C}\right)$$

インピーダンス Z の大きさは

$$|Z| = \sqrt{R^2 + \left(\omega L - \frac{1}{\omega C}\right)^2}$$

である。

[正 解] 3

---- [問] 17 --

　図に示すように，一様な媒質中に2枚の平行平面ガラス板が微小な角度 θ を
なすように置かれている。2枚のガラス板の上方から波長 λ の単色光を下のガ
ラス板に対して垂直になるように入射したときの，上側のガラス板の点 A での
反射と下側のガラス板の点 B での反射によって生じる光の干渉を考える。この
とき，隣り合う暗線の間隔として正しいものを次の中から一つ選べ。

1　$\dfrac{\lambda}{\tan\theta}$

2　$\dfrac{\lambda}{3\tan\theta}$

3　$\dfrac{2\lambda}{3\tan\theta}$

4　$\dfrac{2\lambda}{\tan\theta}$

5　$\dfrac{\lambda}{2\tan\theta}$

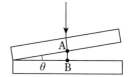

[題 意]　光の干渉に関する理解をみる。

[解 説]　下図のように，隣の暗線が点 A′，B′ の位置で生じるものとし，BB′ 間の
距離を d とする。すると，光が A′→B′→A′ の経路で反射する際の光路長は，光が
A→B→A の経路で反射する場合よりも λ だけ長いはずである。二つの光路の長さの
差は $2d\tan\theta$ である（光は往復することに注意）から

　　　$2d\tan\theta=\lambda$

すなわち

　　　$d=\dfrac{\lambda}{2\tan\theta}$

である。

[正 解] 5

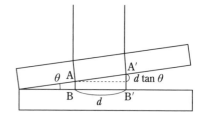

---- 問 18 ----

2 枚のレンズを組み合わせて，平行光束を広げる光学系として，図に示すようなケプラー式ビームエキスパンダーがある。対物レンズの焦点距離が f_1，接眼レンズの焦点距離が f_2 であるとき，ケプラー式ビームエキスパンダーの倍率 L_2/L_1 として正しいものを次の中から一つ選べ。ただし $f_1 < f_2$ とする。

1　$\dfrac{f_2}{f_1}$

2　$\dfrac{f_1}{f_2}$

3　$\dfrac{f_2}{f_1+f_2}$

4　$\dfrac{f_1}{f_2}+1$

5　$\dfrac{f_2}{f_1}+1$

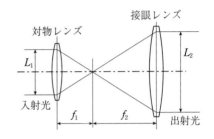

題意　レンズの性質に関する理解をみる。

解説　下図のように，左のレンズを AB，右のレンズを A′B′ とし，共通の焦点を F とする。

このとき，△ABF と △A′B′F は相似であるから，$\dfrac{L_2}{L_1} = \dfrac{f_2}{f_1}$ である。

正解　1

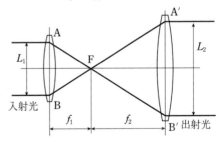

---- 問 19 ----

セシウム 137 は，約 30 年の半減期をもつ。現在のセシウム 137 の個数に対して，90 年後のセシウム 137 の個数の割合はどれくらいになるか。最も近いものを次の中から一つ選べ。

1　$\dfrac{1}{2}$

2　$\dfrac{1}{4}$

3　$\dfrac{1}{8}$

4　$\dfrac{1}{16}$

5　$\dfrac{1}{32}$

(題意)　原子核の放射性崩壊に関する理解をみる。

(解説)　放射性の原子核は，半減期に相当する時間を経るたびにその数が半分になる。したがって，半減期 30 年のセシウム 137 が最初 N_0 個あったとすると，90 年後には

$$\left(\frac{1}{2}\right)^{\frac{90}{30}} N_0 = \left(\frac{1}{2}\right)^3 N_0 = \frac{1}{8} N_0$$

となる。

(正解)　**3**

-----(問) **20** -----------------------------------

真空中における波長が 600 nm の光は，どの周波数で振動しているか，最も近いものを次の中から一つ選べ。ただし，真空中の光の速さを 3.0×10^8 m/s とする。

1　200 THz

2　300 THz

3　400 THz

4　500 THz

5　600 THz

(題意)　波動の性質に関する理解をみる。

(解説)　c を波の速さ，λ を波長，f を振動数とすると，波動の基本的な性質としてつぎの式が成り立つ。

$$f = \frac{c}{\lambda}$$

上式に $c = 3.0 \times 10^8$，$\lambda = 600 \times 10^{-9}$ を代入すると，$f = 500 \times 10^{12}$ が得られる。

(正解) 4

---- 問 21 ----

ドラム缶の中に 20℃ の水が 100 L 入っている。この中に，540℃ に熱した石を入れてしばらくすると石から水に熱が移動し，全体の温度が 40℃ になった。このとき，入れた石の質量として最も近いものを次の中から一つ選べ。ただし，水の比熱容量を 4.0 J/(℃・kg)，石の比熱容量を 1.0 J/(℃・kg) とし，熱の移動は石と水の間でのみ起こるものとする。

1　　1.6 kg

2　　6.0 kg

3　　16 kg

4　　60 kg

5　　160 kg

(題意) 熱力学の第1法則に関する理解をみる。

(解説) エネルギー保存則（熱力学の第1法則）を適用する（ただし下の【注】を参照）。

水の中に熱した石を投げ込んで，しばらくして温度平衡に達したとき，石が失った熱量は水が得た熱量に等しいと考える。水が得た熱量は，$(40 - 20) \times 100 \times 4.0 = 8\,000$ J である。石が失った熱量は，$(540 - 40) \times M \times 1 = 500M$ 〔J〕である。これら二つの量が等しいから，$500M = 8\,000$，$M = 16$ kg である。

【注】熱力学によれば，熱量は保存する量ではなく，保存するのは熱と仕事の和である内部エネルギーである。しかし本問のように，関与する物質が液体と固体のみで気体を含まない場合には，熱膨張による体積変化は極めて小さく仕事は無視できる。したがって熱量を内部エネルギーと同一視してもよい。

(正解) 3

------- 問 22 -------

次の物理量を表す単位の中で，SI単位を一つ選べ。

1 光度   cd（カンデラ）
2 圧力   mmHg（水銀柱ミリメートル）
3 長さ   Å（オングストローム）
4 加速度   Gal（ガル）
5 磁束密度   G（ガウス）

題意 単位に関する知識をみる。

解説 各選択肢を順に見る

1：光度の単位 cd（カンデラ）は SI 単位である。

2：圧力の SI 単位は Pa（パスカル）である。mmHg（水銀柱ミリメートル）は SI 単位ではないが，血圧等，生体内の圧力を表す単位として使用されている。

3：長さの SI 単位は m（メートル）である。Å（オングストローム）は SI 単位ではない。

4：加速度の SI 単位は m/s^2 である。Gal（ガル）は SI 単位ではないが，測地学や地球物理学で重力や地震動の加速度を表すのに用いられる特殊な単位である。

5：磁束密度の SI 単位は T（テスラ）である。G（ガウス）は CGS 組立単位であって SI 単位ではない。

正解 1

------- 問 23 -------

熱の伝わり方には，対流，熱伝導，熱放射（熱輻射）の3形態がある。以下の(a)から(c)の下線つきで示す現象は熱の伝わり方のどれによるものか，正しい組み合わせを次の中から一つ選べ。

(a) お風呂を沸かしたら上の方が熱く下の方が冷たかった。

(b) 無風で晴れた日の夜，地表の温度が下がって霜柱ができた。

(c) ストーブの上の熱い鉄板の上にレンガを置いたら，レンガが次第に熱くなった。

	(a)	(b)	(c)
1	対流	熱伝導	熱放射
2	対流	熱放射	熱伝導
3	熱伝導	対流	熱放射
4	熱伝導	熱放射	対流
5	熱放射	熱伝導	対流

[題意] 熱の移動に関する理解をみる。

[解説] (a), (b), (c) について順に検討する。

(a) 風呂の水を温める場合，下のほうにある熱源に接している水は温度が上がって密度が小さくなり，周囲の水からの浮力によって水面に向かって上昇する。また上のほうにある温度の低い水は密度が大きいため，下のほうに沈み込む。このように，上方の水と下方の水に温度差ができるのは，風呂の水が動くからである。熱による流体の流れは対流と呼ばれる。

(b) 太陽光が届かない夜には，地表の熱は熱放射となって宇宙空間へ放出される。雲があると放出が妨げられるが，晴れた夜は放出量が大きい。

(c) ストーブに接触しているレンガに，熱伝導によって熱が移動したのである。

[正解] **2**

------ [問] **24** ------

密度 $1\,000\,\mathrm{kg/m^3}$ の液体が管路（断面積 $0.050\,\mathrm{m^2}$）の内部を満たし，平均流速 $2.0\,\mathrm{m/s}$ で流れている。このときの質量流量の値として最も近いものを次の中から一つ選べ。

1	$100\,\mathrm{kg/h}$
2	$6\,000\,\mathrm{kg/h}$
3	$40\,000\,\mathrm{kg/h}$
4	$360\,000\,\mathrm{kg/h}$
5	$2\,400\,000\,\mathrm{kg/h}$

題意 流量に関する理解をみる。

解説 断面積 0.050 m² の管の中を，管の内部を満たした状態で，流速 2.0 m/s で液体が流れているから，体積流量は 0.050 × 2.0 = 0.10 m³/s である。また液体の密度は 1 000 kg/m³ であるから，質量流量は 0.10 × 1 000 = 100 kg/s である。毎秒の流量を毎時の流量に変換すると 100 × 60 × 60 = 360 000 kg/h である。

正解 4

---- **問 25** ------------------------------------

図のように，上部が空いた円筒容器に密度 ρ の液体が入れられている。また，容器の底面近くの側面に圧力計が取り付けられている。この容器内の液体の一部を取り出して液面が停止したとき，圧力計の指示値は取り出す前より Δp だけ減少していた。次の ρ と Δp の組み合わせの中から，取り出した液体の質量が最も大きくなるものを一つ選べ。

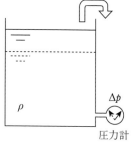

1 $\rho = 800$ kg/m³, $\Delta p = 5$ kPa

2 $\rho = 800$ kg/m³, $\Delta p = 10$ kPa

3 $\rho = 1 000$ kg/m³, $\Delta p = 5$ kPa

4 $\rho = 1 000$ kg/m³, $\Delta p = 10$ kPa

5 $\rho = 1 000$ kg/m³, $\Delta p = 12$ kPa

圧力計

題意 静水圧に関する理解をみる。

解説 密度 ρ の液体が容器に入れられて静止しているとき，液面から深さ h の点における圧力 p は

$$p = p_0 + \rho g h$$

で表される。p_0 は液面における圧力（大気圧等），g は重力加速度の大きさである。

液体を一部取り出して，深さが Δh だけ減少すると，圧力計の指示値は

$$\Delta p = \rho g \Delta h \tag{1}$$

だけ減少する。

容器の断面積を S として式 (1) の両辺に S を掛けると

$$S\Delta p = (S\rho\Delta h)\cdot g$$

ここで，$S\rho\Delta h$ は取り出した液の質量 m である。ゆえに

$$S\Delta p = mg \tag{2}$$

　問題文より液体は円筒容器に入っているので S は一定，また重力加速度の大きさ g も一定である。したがって，式 (2) より m は Δp に比例することがわかる。したがって，m が最大となる選択肢は Δp が最大の選択肢である。

（別解）　圧力計位置での圧力は，その位置より上にある液体の重さによって生じている。したがって圧力の最大変化を与える選択肢が，液体質量の最大変化に対応することは明らかである。

〔正　解〕　**5**

1.3 第73回（令和4年12月実施）

---- 問 1 --

以下の図において全体集合 U は四角形の内側の領域，集合 A, B, C は各円の内側の領域で示されている。このとき，斜線部分が集合 $(\overline{A} \cap B \cap C) \cup (A \cap B \cap \overline{C})$ を表している図として正しいものを次の中から一つ選べ。ただし，集合 A, C の補集合をそれぞれ $\overline{A}$, $\overline{C}$ で表す。

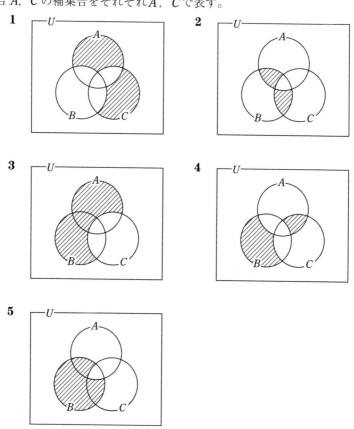

題意　集合に関する基礎知識をみる。

【解　説】　まず，集合 $\overline{A} \cap B \cap C$ を考える。下図において，図 (a) のシャドウを付けた領域は集合 $\overline{A}$，すなわち全体集合のうち A に属さない集合を表している。また図 (b) と図 (c) のシャドウ領域はそれぞれ集合 B と C を表している。集合 $\overline{A} \cap B \cap C$ はこれら三つの集合の共通領域であるから，図 (d) のシャドウ領域である。

まったく同様に考え，集合 $A \cap B \cap \overline{C}$ は図 (e) のシャドウ領域であることがわかる。問題文の $(\overline{A} \cap B \cap C) \cup (A \cap B \cap \overline{C})$ は図 (d) の領域と図 (e) の領域の和であるから，図 (f) のシャドウ領域である。

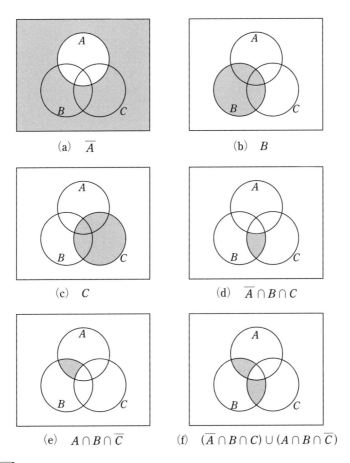

(a)　$\overline{A}$ 　　　　　　　(b)　B

(c)　C 　　　　　　　(d)　$\overline{A} \cap B \cap C$

(e)　$A \cap B \cap \overline{C}$ 　　　　(f)　$(\overline{A} \cap B \cap C) \cup (A \cap B \cap \overline{C})$

【正　解】　**2**

---- 問 2 ----

複素数 z_1, z_2 が図に示す複素数平面上の 2 点 A_1, A_2 に対応するとき，複素数

$$w = \frac{z_2}{z_1}$$

は図の $P_1 \sim P_5$ のどの点と対応するか。正しいものを次の中から一つ選べ。

1 P_1

2 P_2

3 P_3

4 P_4

5 P_5

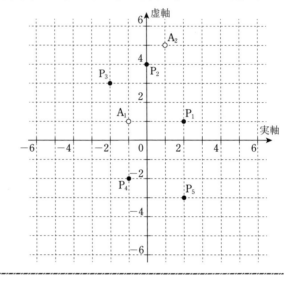

題意 複素数と複素平面に関する基礎知識をみる。

解説 問題文の図より，$z_1 = -1 + i$, $z_2 = 1 + 5i$ である。したがって

$$w = \frac{z_2}{z_1} = \frac{1 + 5i}{-1 + i} = 2 - 3i$$

w は図では点 P_5 である。

正解 5

---- 問 3 ----

二つの行列

$$A = \begin{pmatrix} 2 & 0 \\ 2 & 2 \end{pmatrix}, \; B = \begin{pmatrix} 1 & 2 \\ 1 & 1 \end{pmatrix}$$

の逆行列はそれぞれ

$$A^{-1} = \frac{1}{2}\begin{pmatrix} 1 & 0 \\ -1 & 1 \end{pmatrix},\ B^{-1} = \begin{pmatrix} -1 & 2 \\ 1 & -1 \end{pmatrix}$$

で与えられる。このとき，行列 A，B の積 AB の逆行列として正しいものを次の中から一つ選べ。

1　$\dfrac{1}{2}\begin{pmatrix} 3 & -2 \\ 2 & 1 \end{pmatrix}$

2　$\dfrac{1}{2}\begin{pmatrix} 1 & 2 \\ -2 & -3 \end{pmatrix}$

3　$\dfrac{1}{2}\begin{pmatrix} -3 & 2 \\ 2 & -1 \end{pmatrix}$

4　$\dfrac{1}{2}\begin{pmatrix} -1 & 3 \\ 0 & -2 \end{pmatrix}$

5　$\dfrac{1}{2}\begin{pmatrix} -3 & 0 \\ 2 & -2 \end{pmatrix}$

【題意】　行列に関する基礎知識をみる。

【解説】　行列 A と行列 B の積 AB の逆行列 $(AB)^{-1}$ は，A，B それぞれの逆行列を順序を変えてかけ合わせたものに等しい。

$$(AB)^{-1} = B^{-1}A^{-1}$$

したがって

$$(AB)^{-1} = \begin{pmatrix} -1 & 2 \\ 1 & -1 \end{pmatrix} \cdot \frac{1}{2}\begin{pmatrix} 1 & 0 \\ -1 & 1 \end{pmatrix} = \frac{1}{2}\begin{pmatrix} -3 & 2 \\ 2 & -1 \end{pmatrix}$$

【正解】　3

---- 【問】4 ----

$x = 0.01$（単位：ラジアン）のとき，$\dfrac{1-\cos 2x}{x^2}$ の値に最も近いものを次の中から一つ選べ。

1　$\dfrac{1}{4}$

2　$\dfrac{1}{2}$

3　1

4　2

5　4

[題意] テイラー展開に関する知識をみる。

[解説] テイラー展開の問題である。$f(x)$ を $x=0$ のまわりに2次の項までテイラー展開すると

$$f(x) = f(0) + f'(0)x + \frac{1}{2}f''(0)x^2$$

となる。x は小さいので，3次以上の項は無視することとする。

$f(x) = \cos 2x$ のとき

$$f(0) = 1,\ f'(0) = -2\sin 2x|_{x=0} = 0,\ f''(0) = -4\cos 2x|_{x=0} = -4$$

となる。したがって

$$\cos 2x = 1 - 2x^2$$

である。ゆえに

$$\frac{1-\cos 2x}{x^2} \simeq \frac{1-1+2x^2}{x^2} = 2$$

となる。

[正解] 4

[問] 5

$x = \sqrt{3}-1$ のとき，$x^3 + x^2 + x + 1$ の値として正しいものを次の中から一つ選べ。

1 $5\sqrt{3}-5$
2 $5\sqrt{3}-6$
3 $5\sqrt{3}-7$
4 $4\sqrt{3}-4$
5 $4\sqrt{3}-5$

[題意] 代数の基礎知識をみる。

[解説] x に $\sqrt{3}-1$ を代入して計算するが，まず計算しやすい形に変形する。

$$x^3 + x^2 + x + 1 = x^2(x+1) + (x+1) = (x+1)(x^2+1)$$

ここで

$$x + 1 = \sqrt{3}$$
$$x^2 + 1 = 5 - 2\sqrt{3}$$

であるから

$$(x+1)(x^2+1) = \sqrt{3}\,(5 - 2\sqrt{3}) = 5\sqrt{3} - 6$$

[正 解] **2**

------ [問] **6** ------

三つの数 $\sqrt{2}$, $\sqrt[3]{3}$, $\sqrt[7]{7}$ の大小関係を表す式として正しいものを次の中から一つ選べ。

1 $\sqrt{2} < \sqrt[3]{3} < \sqrt[7]{7}$

2 $\sqrt[3]{3} < \sqrt{2} < \sqrt[7]{7}$

3 $\sqrt[3]{3} < \sqrt[7]{7} < \sqrt{2}$

4 $\sqrt[7]{7} < \sqrt[3]{3} < \sqrt{2}$

5 $\sqrt[7]{7} < \sqrt{2} < \sqrt[3]{3}$

[題 意] 代数の基礎知識をみる。

[解 説] p, q, n が正のとき，$p > q$ であれば $p^n > q^n$ であることを使う。以下三つの数を二つずつ比較する。

(1) $\sqrt{2}$ と $\sqrt[3]{3}$ を比べる

両者を6乗すると

$$(\sqrt{2})^6 = 8$$
$$(\sqrt[3]{3})^6 = 9$$

ゆえに，$\sqrt[3]{3} > \sqrt{2}$ である。

(2) $\sqrt[3]{3}$ と $\sqrt[7]{7}$ を比べる

両者を21乗すると

$$(\sqrt[3]{3})^{21} = 3^7 = 2\,187$$
$$(\sqrt[7]{7})^{21} = 7^3 = 343$$

ゆえに，$\sqrt[3]{3} > \sqrt[7]{7}$ である。

(3) $\sqrt{2}$ と $\sqrt[7]{7}$ を比べる

両者を 14 乗すると

$$(\sqrt{2})^{14} = 2^7 = 128$$

$$(\sqrt[7]{7})^{14} = 7^2 = 49$$

ゆえに，$\sqrt{2} > \sqrt[7]{7}$ である。

以上，(1)，(2)，(3) の結果をまとめると

$$\sqrt[7]{7} < \sqrt{2} < \sqrt[3]{3}$$

となる。**5** が正解。

ちなみに，各数の値は

$$\sqrt{2} = 1.414\,21$$

$$\sqrt[3]{3} = 1.442\,25$$

$$\sqrt[7]{7} = 1.320\,47$$

である。

[正 解] **5**

[問] **7**

極限値

$$\lim_{N \to \infty} \frac{2 + 5 + 8 + \cdots + (3N - 1)}{N^2}$$

として正しいものを次の中から一つ選べ。

1 0

2 $\dfrac{1}{2}$

3 1

4 $\dfrac{3}{2}$

5 2

[題 意] 有限級数と極限に関する知識をみる。

[解 説] まず分子の有限級数の値を求める。

$$p = 2 + 5 + 8 + \cdots + (3N-1) = \sum_{n=1}^{N}(3n-1)$$

$$= 3\sum_{n=1}^{N}n - \sum_{n=1}^{N}1 = 3\frac{N(N+1)}{2} - N = \frac{3}{2}N^2 + \frac{1}{2}N$$

したがって，問題文の極限の式は

$$\lim_{N\to\infty}\frac{p}{N^2} = \lim_{N\to\infty}\left(\frac{3}{2} + \frac{1}{2N}\right) = \frac{3}{2}$$

[正解] 4

------ **[問] 8** --

実関数

$$f(x) = ax^3 + bx^2 + cx + d$$

のグラフとして図の曲線が得られるとき，係数 a，b，c，d の大小関係を表す式として正しいものを次の中から一つ選べ。ただし，$f(x)$ は $x = -1$ および $x = 0$ において極値をもつ。

1 $d < c < a < b$

2 $d < c < b < a$

3 $d < a < c < b$

4 $d < a < b < c$

5 $d < b < c < a$

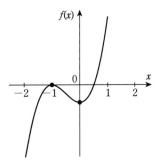

[題意] 関数の極値と導関数に関する知識をみる。

[解説] $f(x)$ の導関数は

$$f'(x) = 3ax^2 + 2bx + c$$

である。問題文より $f'(x)$ は $x = -1$ と $x = 0$ において 0 になる。

$$f'(-1) = 3a - 2b + c = 0$$

$$f'(0) = c = 0$$

ゆえに，$c=0$，$b=\dfrac{3}{2}a$である。また問題文中のグラフより，曲線が縦軸と交わる点は原点より下にあるから $d<0$ である。

グラフより，$\lim\limits_{x\to\infty}f(x)=+\infty$であるから，$a>0$ である。また b は a の 1.5 倍の数で正数だから a よりも大きい。$c=0$ であり，$d<0$ であるから，四つの係数の大小関係は $b>a>c>d$ である。

[正 解] 1

------ **[問] 9** --

積分公式

$$\int\frac{f'(x)}{f(x)}dx=\log|f(x)|+C \quad （C は積分定数）$$

を用いて，定積分

$$\int_0^{\frac{\pi}{2}}\frac{\sin 2x}{2+\sin^2 x}dx$$

を計算した結果として，正しいものを次の中から一つ選べ。ただし，$\log$ は自然対数を表す。

1　$\log\dfrac{3}{2}$

2　$\log 2$

3　1

4　$\log 6$

5　2

[題 意]　定積分に関する知識をみる。

[解 説]　定積分の被積分関数の分母，$2+\sin^2 x$ を $g(x)$ とおくと，$g'(x)=2\sin x \cos x=\sin 2x$ であるから，$g'(x)$ は同被積分関数の分子に等しい。したがって問題文の定積分は，与えられた積分公式が使える形をしており，つぎのように書ける（ただし $2+\sin^2 x$ は正の量であるから絶対値記号は省いた）。

$$\int_0^{\frac{\pi}{2}}\frac{\sin 2x}{2+\sin^2 x}dx=\log\left(2+\sin^2 x\right)\Big|_0^{\frac{\pi}{2}}=\log 3-\log 2=\log\frac{3}{2}$$

[正 解] 1

------ 問 **10** ------

確率・統計に関する次の記述の中から誤っているものを一つ選べ。

1 正規分布の確率密度関数を $f(x)$ とすると，$\lim_{x \to \pm\infty} f(x) = 0$ である。

2 相関係数とは2変量の共分散を，各変量の標準偏差の積で除した値である。

3 確率事象 A の余事象を $\overline{A}$ とすると，$A \cap \overline{A}$ は空事象となる。

4 ポアソン分布は二項分布の極限の一つである。

5 5個のデータが5，7，8，12，13のとき中央値（メディアン）は9である。

題意 確率・統計に関する基礎知識をみる。

解説 確率・統計に関する正誤問題である。各選択肢を順次見ていく。

1：正規分布の確率密度関数は，つぎの形をしている。

$$f(x) = \frac{1}{\sigma\sqrt{2\pi}} e^{-(x-\mu)^2/2\sigma^2}$$

ここに，x は確率変数，また μ，σ は有限なパラメータである。したがって，$x \to \pm\infty$ の極限では $f(x)$ は0になる。正しい。

2：相関係数の定義そのものである。正しい。

3：事象 A の余事象 $\overline{A}$ とは，全事象のうち A に含まれない事象のことである。したがって，事象 A とその余事象 $\overline{A}$ には共通の要素はない。すなわち，$A \cap \overline{A}$ は空事象である。正しい。

4：1回の試行において確率 p で起きる事象が，n 回の試行において k 回起きる確率は，次の二項分布で与えられる。

$$P(k) = {}_n C_k p^k (1-p)^{n-k} \qquad k = 1, 2, ..., n$$

ポアソン分布は，二項分布において $n \to \infty$，$p \to 0$ の極限（ただし，$\lambda = np$ は一定値に保つ）における分布である。正しい。

5：中央値とは，データを大きさの順に並べたとき，ちょうど真ん中にあるデータのこと。5個のデータの場合には3番目のデータが中央値である。この選択肢の例では8である。データが偶数個ある場合，例えば6個のデータがある場合には3番目と4番目のデータの平均値を中央値とする。誤り。

[正　解]　5

----- [問] 11 -----

男子3人と女子2人の中から，無作為に2人の委員を決めるとき，男子1人女子1人が委員になる確率として正しいものを次の中から一つ選べ。

1 $\dfrac{1}{3}$

2 $\dfrac{2}{5}$

3 $\dfrac{1}{2}$

4 $\dfrac{3}{5}$

5 $\dfrac{4}{5}$

[題　意]　確率計算に関する理解をみる。

[解　説]　まず委員が2人とも男子になる確率を計算する。全部で5人の候補者のうち3人が男子だから，最初に選ばれる委員が男子である確率は$\dfrac{3}{5}$である。2番目の委員を選ぶときは，全部で4人の候補者のうち2人が男子だから，2番目の委員が男子である確率は$\dfrac{2}{4}$である。したがって，2人ともに男子になる確率は，上の二つの事象が同時に起きる確率は，$\dfrac{3}{5}\times\dfrac{2}{4}=\dfrac{6}{20}$である。

また，委員が2人とも女子になる確率は，上と同様に計算すると，$\dfrac{2}{5}\times\dfrac{1}{4}=\dfrac{2}{20}$である。

委員の選挙は，「2人とも男子」が選ばれるか「2人とも女子」が選ばれるか「男女1人ずつ」選ばれるかの3つの場合しかない。したがって，委員として男女1人ずつ選ばれる確率は，「2人とも男子」の確率と「2人とも女子」の確率の和を1から引いたものである。

$$1-\left(\dfrac{6}{20}+\dfrac{2}{20}\right)=\dfrac{12}{20}=\dfrac{3}{5}$$

[正　解]　4

---- 問 12 ----

次の度数分布表のデータから標本標準偏差 (不偏分散の正の平方根) を求めたとき, その値として正しいものを次の中から一つ選べ。

1 $\sqrt{\dfrac{11}{10}}$

2 $\sqrt{\dfrac{5}{6}}$

3 $\sqrt{\dfrac{6}{5}}$

4 $\sqrt{\dfrac{8}{9}}$

5 $\sqrt{\dfrac{9}{10}}$

階級値	度数
1	1
2	2
3	2
4	1

[題 意] 度数分布表に関する知識をみる。

[解 説] まず平均値を求める。平均値 $\overline{x}$ は階級値に度数をかけて合計し, それを度数の和で割ればよい。

$$\overline{x} = \frac{1 \times 1 + 2 \times 2 + 3 \times 2 + 4 \times 1}{1 + 2 + 2 + 1} = \frac{15}{6} = 2.5$$

不偏分散 s は, 各階級の平均値からの偏差の二乗に度数をかけて合計し, それを「度数の和 -1」で割ればよい。

$$s = \frac{1 \cdot (1-2.5)^2 + 2 \cdot (2-2.5)^2 + 2 \cdot (3-2.5)^2 + 1 \cdot (4-2.5)^2}{5}$$

$$= 1.1$$

標準偏差 σ は不偏分散 s の平方根である。

$$\sigma = \sqrt{1.1}$$

[正 解] 1

---- 問 13 ----

図のように, 水平面と斜面があり, 斜面の傾きは水平面に対して 45° であった。

　斜面上方の点 A から質量 m の小球をそっと放して自由落下させたところ，小球は斜面上の点 B で完全弾性衝突して跳ね返り，斜面下端の点 C に再び衝突した。点 B と点 C の間の距離を a としたとき，点 A の点 B からの高さ h を表す式として，正しいものを次の中から一つ選べ。ただし，空気抵抗は無視できるものとする。

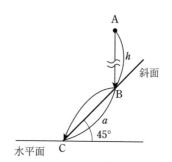

1　$h = a$

2　$h = \dfrac{a}{\sqrt{2}}$

3　$h = \dfrac{a}{2\sqrt{2}}$

4　$h = \dfrac{a}{4\sqrt{2}}$

5　$h = \dfrac{a}{8\sqrt{2}}$

［題　意］　落体の運動と弾性衝突に関する理解をみる。

［解　説］　この問題は，小球が点 A から落下して斜面に衝突した直後の速度の方向と大きさがわかれば，あとは単なる落体の問題として扱える。そこで，以下では (1) 小球が斜面に衝突する直前の速度，(2) 小球が斜面に衝突した直後の速度，(3) 衝突後の落下運動，の順に考える。

(1)　斜面に衝突する直前の速度 v

　出発点 A は衝突点 B の上 h の高さにあるから，力学的エネルギーの保存則

$$\frac{1}{2}mv^2 = mgh$$

より，衝突直前の速度 v は，大きさが $\sqrt{2gh}$，向きは鉛直下向きである（**図 1** の v）。

$$v = \sqrt{2gh} \tag{1}$$

　ここで，g は重力加速度の大きさである。

(2)　斜面に衝突した直後の速度 v_1

　図 1 に示すように，小球の衝突直前の速度 v を，斜面に垂直な成分 v_v と斜面に平行な成分 v_p に分解する。小球が壁や床などの動かない物体と弾性衝突した場合，衝突面

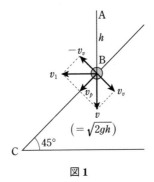

図 1

に垂直な速度成分は，衝突後に大きさは変わらず向きが逆になる（図 1 の $-v_v$）。また斜面に平行な成分 v_p は衝突前後で向きも大きさも変わらない（完全弾性衝突では運動エネルギーが失われないから，斜面の摩擦もないと考えられる）。したがって，衝突後の小球の速度ベクトルは，速度成分 $-v_v$ と v_p を合成した v_1 となる（図 1）。斜面は水平面と 45° の角をなしているから，速度 v_1 は水平方向を向いていることは容易にわかる。また v_1 の大きさは v の大きさと同じである。

$$v_1 = v \tag{2}$$

(3) 衝突後の落下運動

図 2 は衝突後の小球の運動状態を示す。(2) で見たとおり，小球は初速度 v_1 で水平方向に飛び出す。飛び出してから t 秒後の小球の位置を，水平方向と鉛直方向に分けて考える。

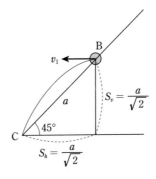

図 2

・水平方向： 小球には水平方向の力は働いていないから，初速度 v_1 を保ったまま等速運動をする。したがって，t 秒後には水平距離 $S_h = v_1 t$ だけ動いている。

・鉛直方向：　小球の鉛直方向（下向きに正とする）の運動は，初速度が 0 で加速度 g の等加速度運動である。したがって，小球は t 秒後には鉛直距離 $S_v = \dfrac{1}{2}gt^2$ だけ落下している。

小球が t 秒後に点 C に落ちるためには以下の関係が成り立たねばならない。

$$S_h = v_1 t = a\cos 45° = \frac{a}{\sqrt{2}} \tag{3}$$

$$S_v = \frac{1}{2}gt^2 = a\sin 45° = \frac{a}{\sqrt{2}} \tag{4}$$

式 (3)，式 (4) より t を消去する。式 (3) より

$$t = \frac{a}{\sqrt{2}\,v_1}$$

これを式 (4) に代入すると

$$\frac{1}{2}g \cdot \frac{a^2}{2v_1{}^2} = \frac{a}{\sqrt{2}}$$

この式に式 (1)，(2) を代入すると

$$h = \frac{a}{4\sqrt{2}}$$

が得られる。

[正解]　4

---- [問] 14 ----------------------------------

図のように，内半径 a の空洞をもつ外半径 $b(>a)$ の球殻状の導体を考える。

この導体に正の電荷 Q を与えた場合に生じる静電場の強さ $E(r)$ を，中心 O からの距離 r の関数として示すグラフの形として，正しいものを次の中から一つ選べ。

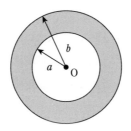

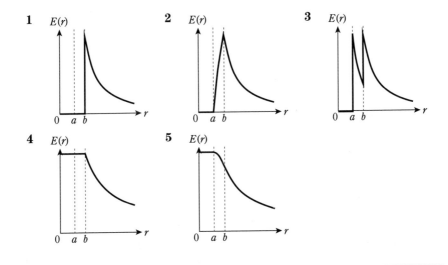

[題　意]　静電場に関する基礎知識をみる。

[解　説]　静電平衡にある導体中には電場は存在しない（もし電場が存在するとクーロン力を受けた電荷が動いて平衡状態ではなくなる）。また導体に囲まれた空間の中には，（もしその空間内に電荷が存在しなければ）電場は存在しない（静電遮蔽）。

選択肢の図を見ると，導体の領域（$r=a$ と $r=b$ の間の領域）と空洞の領域（$r=0$ と $r=a$ の間の領域）の電場が 0 になっているのは **1** の図のみである。

[正　解]　**1**

------ 問 15 ------

　図のように，起電力 V の直流電源，電気抵抗がいずれも R の5つの抵抗，静電容量が C_1 と C_2 のコンデンサーで電気回路が構成されている。定常状態において，C_1 と C_2 のコンデンサーそれぞれに蓄えられている電荷 Q_1 と Q_2 を表す式として，正しい組合せを次の中から一つ選べ。ただし，電源の内部抵抗および導線の抵抗は無視できるものとする。

1　$Q_1 = C_1 V, \qquad Q_2 = C_2 V$

2　$Q_1 = \dfrac{1}{5} C_1 V, \ Q_2 = \dfrac{2}{5} C_2 V$

3　$Q_1 = \dfrac{4}{5} C_1 V, \ Q_2 = \dfrac{2}{5} C_2 V$

4　$Q_1 = \dfrac{1}{5} C_1 V, \ Q_2 = \dfrac{3}{5} C_2 V$

5　$Q_1 = \dfrac{4}{5} C_1 V, \ Q_2 = \dfrac{3}{5} C_2 V$

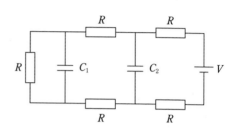

題意　直流回路に関する理解をみる。

解説　下図のように，回路の各点にA，B，…，Fと名前を付ける。コンデンサー C_1 の端子電圧を V_1，コンデンサー C_2 の端子電圧を V_2 とすると，それぞれに蓄えられている電荷は

$$Q_1 = C_1 V_1$$
$$Q_2 = C_2 V_2$$

である。以下，V_1 と V_2 を求める。

　定常状態においては，コンデンサーには電流は流れず，5本の抵抗器には同じ大きさの電流が流れている。したがって，直流電源 V のマイナス極の電位を0とし，プラス極の電位を V とすると，点Aの電位 $V_A = V$，点Bの電位 $V_B = \dfrac{4}{5} V$，点Cの電位 $V_C = \dfrac{3}{5} V$，点Dの電位 $V_D = \dfrac{2}{5} V$，点Eの電位 $V_E = \dfrac{1}{5} V$，点Fの電位 $V_F = 0$ である。したがって，$V_1 = V_C - V_D = \dfrac{3}{5} V - \dfrac{2}{5} V = \dfrac{1}{5} V$，$V_2 = V_B - V_E = \dfrac{4}{5} V - \dfrac{1}{5} V = \dfrac{3}{5} V$ が得られる。これらの V_1，V_2 を上式に代入すると

$$Q_1 = \frac{1}{5} C_1 V$$

$$Q_2 = \frac{3}{5} C_2 V$$

となる。

正解 **4**

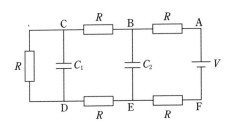

---- 問 **16** ----

ある金属に光をあてたときに光電効果によって電子が放出されるためには，真空中での光の波長が 400 nm より短い必要がある。この金属に，真空中での波長 200 nm の光をあてたときに放出される電子の最大速さとして，最も近いものを次の中から一つ選べ。ただし，電子の質量を 9.1×10^{-31} kg，プランク定数を 6.6×10^{-34} Js，真空中の光の速さを 3.0×10^8 m/s とする。

1 1.0×10^7 m/s

2 3.3×10^6 m/s

3 1.0×10^6 m/s

4 3.3×10^5 m/s

5 1.0×10^5 m/s

題意 光電効果に関する理解をみる。

解説 金属などの物質に光が当たることにより物質から電子が飛び出す現象を光電効果という。また，飛び出した電子を光電子という。光量子説では，$h\nu$ のエネルギーを持った1個の光子が金属表面の1個の電子に当たると，光子は消滅し，光子のエネルギーを得た電子が原子核からの引力を振り切り，光電子となって金属の外へ飛び出すと考える。ここに h はプランク定数，ν は光の振動数である。光電効果ではつぎのエネルギー保存則が成り立つ。

$$\frac{1}{2} m v^2 = h\nu - W = \frac{hc}{\lambda} - W$$

ここに左辺は飛び出した電子の運動エネルギーで，m は電子の質量，v は電子の速さである。また，W は金属から電子を引き離すのに必要なエネルギーで，仕事関数とい

う。c は光の速さ，λ は波長である。

問題文によれば，波長 $\lambda_1 = 400$ nm の光を当てたときが，電子が飛び出すか飛び出さないかの境目になるから

$$0 = \frac{hc}{\lambda_1} - W$$

である。すなわち，$W = \dfrac{hc}{\lambda_1}$ である。波長 $\lambda_2 = 200$ nm の光を当てたときに飛び出す電子の運動エネルギーは

$$\frac{1}{2}mv^2 = h\frac{c}{\lambda_2} - W = hc\left(\frac{1}{\lambda_2} - \frac{1}{\lambda_1}\right)$$

となる。したがって，飛び出す電子の速さは

$$v = \sqrt{\frac{2hc}{m}\left(\frac{1}{\lambda_2} - \frac{1}{\lambda_1}\right)} \tag{1}$$

である。問題文により

$$m = 9.1 \times 10^{-31} \text{ kg}$$
$$h = 6.6 \times 10^{-34} \text{ J·s}$$
$$c = 3.0 \times 10^{8} \text{ m/s}$$
$$\lambda_1 = 400 \times 10^{-9} \text{ m}$$
$$\lambda_2 = 200 \times 10^{-9} \text{ m}$$

であるから，これらの数値を式 (1) に代入すると，$v = 1.043 \times 10^{6}$ が得られる。

［正解］ 3

------ 問 17 --

電子の質量 m_e，プランク定数 h，真空中の光の速さ c を組み合わせてつくられた次の式の中から，長さの次元をもつものを一つ選べ。

1 $\quad m_e c^2$

2 $\quad \dfrac{m_e c^2}{h}$

3 $\quad \dfrac{h}{m_e c^2}$

4 $\quad \dfrac{m_e c}{h}$

5 $\dfrac{h}{m_e c}$

【題 意】 物理量の次元に関する理解をみる。

【解 説】 質量の次元を [M]，長さの次元を [L]，時間の次元を [T] で表す。電子の質量は次元 [M] を持ち，光の速さ c は速さの次元 [L]/[T] を持つ。プランク定数は，プランクの式 $E = h\nu$ からわかるように，[エネルギー] × [T] の次元を持つ。ここにエネルギーの次元は [M]([L]/[T])^2 である。

選択肢を順に検討すると，

1：$M_e c^2$ は [M]([L]/[T])^2 の次元を持ち，これはエネルギーの次元である。

2：**1** の結果を利用すると，$\dfrac{m_e c^2}{h}$ は 1/[T] の次元を持つ。

3：**2** の逆数であるから [T] の次元を持つ。

4：**2** を c で割ったものであるから，1/[L] の次元を持つ。

5：**4** の逆数であるから，[L] の次元を持つ。

【正 解】 **5**

【問】 **18**

図のように，焦点距離が f の薄い凸レンズから距離 a だけ離れた位置に物体 A を置き，レンズから距離 b の位置にスクリーンを置くと結像した。スクリーン上で物体 A の M 倍の大きさの像を得るためには，距離 a をどのように設定すればよいか，正しいものを次の中から一つ選べ。ただし，$a > f$，$b > f$ とする。

1 f

2 $\dfrac{M-1}{M} f$

3 $\dfrac{M+1}{M} f$

4 $\dfrac{M}{M-1} f$

5 $\dfrac{M}{M+1} f$

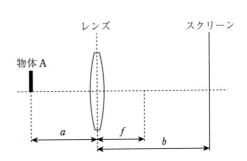

【題 意】 レンズの光学に関する基礎知識をみる。

[解 説]　下図は，問題文で与えられた図に補助的な光線 AB を 1 本追加したものである。三角形 ACO と三角形 BDO が相似であることから，倍率 $M = \dfrac{\overline{\text{BD}}}{\overline{\text{AC}}}$ は $\dfrac{\overline{\text{DO}}}{\overline{\text{CO}}}$ に等しく

$$M = \frac{b}{a} \tag{1}$$

である。またレンズの公式より

$$\frac{1}{a} + \frac{1}{b} = \frac{1}{f} \tag{2}$$

の関係がある。

式 (1)，(2) から b を消去すると

$$\frac{1}{a}\left(1 + \frac{1}{M}\right) = \frac{1}{f}$$

となる。ゆえに

$$a = f \cdot \frac{M+1}{M}$$

である。

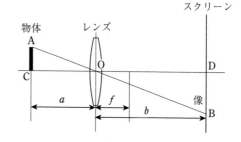

[正 解]　3

-------- [問] 19 --------------------------------------

真空中での速さ c，波長 λ の光が，屈折率 n の媒質中を進むとき，速さと波長の正しい組合せを次の中から一つ選べ。

速さ　　波長

1　$\dfrac{c}{n}$　　$n\lambda$

2　nc　　$n\lambda$

3　c　　λ

4　$\dfrac{c}{n}$　　$\dfrac{\lambda}{n}$

5　nc　　$\dfrac{\lambda}{n}$

[題 意] 光学に関する基礎知識をみる。

[解 説] 光学の基礎知識より，屈折率 n の媒質中を進む光の速さは，真空中を進む光の速さの $\frac{1}{n}$ 倍である。したがって，媒質中での光の速さは $\frac{c}{n}$ である。

波の一般的性質から，波長 $= \dfrac{\text{速さ}}{\text{振動数}}$ の関係がある。

光が媒質中に入ると，波の振動数は変わらずに速さが $\frac{1}{n}$ 倍になる。したがって，真空中の波長が λ である光は，屈折率 n の媒質中では波長が $\frac{\lambda}{n}$ になる。

[正 解] 4

---- **[問] 20** ----

電車が周波数 f の警笛を鳴らしながら一定の速度 v で，静止している観測者の前を通過した。観測者に聞こえる警笛の，電車の通過前後での周波数の差を表す式として，正しいものを次の中から一つ選べ。ただし，音速を v_0 とする。

1　0

2　$\dfrac{2v}{v_0}f$

3　$\dfrac{v_0}{v_0 - v}f$

4　$\dfrac{v_0}{v_0 + v}f$

5　$\dfrac{2vv_0}{v_0{}^2 - v^2}f$

[題 意] ドップラー効果に関する理解をみる。

[解 説] ドップラー効果の問題である。音源の周波数を f，音源の速度を v，観測者の観測する周波数を f_{obs}，観測者の速度を v_{obs}，音速を v_0 とすると，つぎの式が成り立つ。

$$\frac{f_{obs}}{v_0 - v_{obs}} = \frac{f}{v_0 - v}$$

ただし，音源の速度 v と観測者の速度 v_{obs} は，音源や観測者が音波と同方向に進む場合には正，反対方向に進む場合には負とする。

この問題では観測者は静止しているから，$v_{obs} = 0$ である。したがって，電車（音源）

が観測者に近づいてきたときに観測される周波数 f_1 は

$$f_1 = v_0 \frac{f}{v_0 - v}$$

である。この場合は電車は音波と同一方向に進行しているから v は正とした。

電車が観測者を通り過ぎた後で観測される周波数 f_2 は

$$f_2 = v_0 \frac{f}{v_0 + v}$$

である。この場合は音源は音波と反対方向に進行しているから v は $-v$ に置き換えた。

以上より，電車の通過前後での周波数の差は

$$f_1 - f_2 = v_0 \left(\frac{f}{v_0 - v} - \frac{f}{v_0 + v} \right) = \frac{2vv_0}{v_0{}^2 - v^2} f$$

である。

【正解】 5

---- 問 21

密度 ρ_L の液体中に，密度 $\rho_S (< \rho_L)$ で体積 V_S の固体が浮いている。このとき，液体中に沈んでいる部分の固体の体積を V とすると，その割合 V/V_S として正しいものを次の中から一つ選べ。

1   $\dfrac{\rho_S}{\rho_L}$

2   $1 - \dfrac{\rho_S}{\rho_L}$

3   1

4   $\dfrac{\rho_L}{\rho_S} - 1$

5   $\dfrac{\rho_L}{\rho_S}$

【題意】 アルキメデスの原理に関する理解をみる。

【解説】 アルキメデスの原理により，流体中にある固体は，それが排除した流体の重さに相当する大きさの浮力を受ける。体積 V が密度 ρ_L の液体中にある密度 ρ_s の固体は，$V\rho_L g$ の浮力を受ける。ここで，g は重力加速度の大きさである。また，この

浮力が固体全体の重さ $V_s \rho_s g$ につりあって浮かんでいるから

$$V \rho_L g = V_s \rho_s g$$

ゆえに

$$\frac{V}{V_s} = \frac{\rho_s}{\rho_L}$$

である。

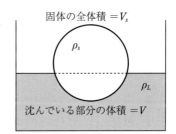

固体の全体積 $= V_s$

ρ_s

ρ_L

沈んでいる部分の体積 $= V$

［正 解］ 1

［問］22

熱と温度に関する次の記述の中で，誤っているものを一つ選べ。

1 熱力学温度の単位 K（ケルビン）は，ボルツマン定数によって定義される。

2 セルシウス温度の $0\,℃$ は水の三重点で定義される。

3 熱の移動には，伝導，対流，放射の3種類がある。

4 セルシウス温度 t と熱力学温度 T の間には，$t\,/℃ = T/\mathrm{K} - 273.15$ の関係がある。

5 物質の温度が上がると，物質を構成する原子や分子の熱運動の激しさが増加する。

［題 意］ 熱と温度に関する基礎知識をみる。

［解 説］ 各選択肢を順次検討する。

1：熱力学温度の単位ケルビン (K) は，2019年5月20日の SI 改訂によってつぎのように定められた。「熱力学温度は，ボルツマン定数 k を単位 $\mathrm{J\,K^{-1}}$ で表したときに，その数値を $1.380\,649 \times 10^{-23}$ と定めることにより定義される。」正しい。

2：**4** の問題文に示されているように，セルシウス温度 t は熱力学温度 T との関係が $t = T - 273.15$ となるように定義されている。新しい SI では水の三重点のような物性量は温度の定義には使用されない。誤り。

3：基礎知識より正しい。

4：**2** で見た通り正しい。

5：基礎知識より正しい。

[正 解] 2

---- [問] 23 --

次の物理量を表す単位の中で非 SI 単位を一つ選べ。

1 平面角　　rad（ラジアン）

2 力　　　　N（ニュートン）

3 電荷　　　C（クーロン）

4 線量当量　Sv（シーベルト）

5 長さ　　　mile（マイル）

[題 意] SI 単位に関する基礎知識をみる。

[解 説] 国際単位系（SI）は，国際度量衡局（BIPM）が発行する国際単位系国際文書（仏：Le Système international d'unités）に規定されている。最新の文書は 2019 年に発行された第 9 版である。これは産業技術総合研究所の計量標準総合センターのサイトで閲覧／入手できる。

平面角の rad，力の N，電荷の C，線量当量の Sv は，上記国際文書の「表 4 固有の名称と記号を持つ 22 個の SI 単位」の中に記載されている。したがってこれらは SI 単位である。マイルはヤード・ポンド系の単位で SI 単位ではない。長さの SI 単位は m（メートル）である。

[正 解] 5

---- [問] 24 --

内部の断面が一辺 0.5 m の正方形のダクトがある。その内部を密度 1.2 kg/m^3 の気体が平均流速 1.0 m/s で流れている。その体積流量の値として最も近いものを次の中から一つ選べ。

1 1.2 m^3/h

2 900 m^3/h

3 1 080 m^3/h

4 3 600 m^3/h

5　14 400 m³/h

[題意]　流体の流量に関する基礎知識をみる。

[解説]　一辺が 0.5 m の正方形のダクトの断面積は 0.25 m² である。気体が流速 1.0 m/s で流れていると，その体積流量は 0.25 m³/s である。毎秒の流速を毎時の流速に換算すると，0.25×3 600 = 900 m³/h である。

[正解]　2

------ **問 25** ------

図のように，底面が管で接続された直径の異なるシリンダーがある。それぞれのシリンダーには，上下に動き質量を無視できるピストンが設置されていて，両シリンダーとそれらを接続する管の内部は密度 800 kg/m³ の非圧縮性の液体で満たされている。

左側の断面積 0.2 m² のピストンにおもりを乗せたとき，右側の断面積 0.1 m² のピストンは上昇し，左側のピストンに比べて右側のピストンが 5 cm 高いところでつりあった。

このとき，おもりの質量として最も近いものを次の中から一つ選べ。ただし，ピストンでの液体の漏れはないとする。

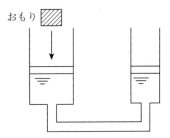

おもり

1　0.5 kg

2　4 kg

3　8 kg

4　40 kg

5　200 kg

[題意]　静止流体の圧力に関する基礎知識をみる。

[解説]　左側シリンダー（断面積 S）のピストンの底面のレベル（下図のレベル A）における，両シリンダーの圧力を考える。このレベルより下では，左右両シリンダーともに一様な液体だから，レベル A における圧力が左右シリンダーで等しければ左右

のピストンはつりあう。

左側シリンダー：

　レベル A での圧力 p_l は，大気圧 p_a とおもりによる圧力の和である。おもりの質量を M とすると，おもりによる圧力は Mg/S である。したがって，$p_l = p_a + Mg/S$ である。

右側シリンダー：

　密度 ρ の非圧縮性液体の深さ h の位置での圧力は ρgh である。したがって右側シリンダーのレベル A における圧力 p_r は $p_r = p_a + \rho gh$ である。

　$p_l = p_r$ より，$M = \rho hS$ となる。問題文より $S = 0.2\,\mathrm{m}^2$，$\rho = 800\,\mathrm{kg/m}^3$，$h = 0.05\,\mathrm{m}$ を代入すると，$M = 8\,\mathrm{kg}$ が得られる。

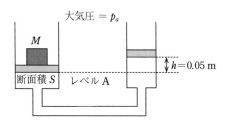

【正解】 3

2. 計量器概論及び質量の計量

計 質

2.1 第71回（令和2年12月実施）

---- 問 1 ----

無次元量とは，量の次元において基本量に対する因数の全ての指数が0である量をいう。次の中から無次元量ではない量を一つ選べ。

1　屈折率

2　弾性率（弾性係数）

3　摩擦係数

4　レイノルズ数

5　角度

題意　無次元量の知識を問う問題である。

解説　無次元量とは，量の次元において基本量に対する因数のすべての指数が0である量である。

1の屈折率とは，媒質中の光の速度に対する真空中の光の速度の比のことであり，（真空中の光の速度）/（媒質中の光の速度）のため無次元量である。3の摩擦係数は，摩擦力を接触面に作用する垂直抗力で割った無次元量である。4のレイノルズ数は，流れの様態を表すものである。流れの状態を表現する無次元量で層流から乱流へ流れが変化する状況を臨界レイノルズ数といい，流体力学上重要な数である。5の角度は，円周を分割した中心角で表され，また長さと長さの比としても表される無次元量である。

2の弾性率は応力をひずみで割ったものである。したがって，単位はPaまたはN/m^2となり，無次元量ではない。

正解　2

問 2

次の中で非 SI 単位はどれか，一つ選べ。

ただし，SI は国際単位系のことである。

1　rad

2　cd

3　Wb

4　J

5　L

題 意　国際単位系 (SI) に関する問題である。

解 説　1 の rad（ラジアン）は，平面角の単位であり固有の名称を持つ SI 組立単位である。2 の cd（カンデラ）は，光度の単位であり SI 単位系である。3 の Wb（ウェーバ）は，磁束の単位であり，1 と同じ組立単位である。4 の J（ジュール）は，エネルギー，仕事，熱量の単位であり，これも組立単位である。

5 の L（リットル）は，容量の単位であり，SI 単位と併用できる非 SI 単位の一つである。したがって，5 の L が非 SI 単位である。

正 解　5

問 3

図はスリーブの基線の上部にバーニヤ目盛があるバーニヤ式マイクロメータの目盛部分の拡大図である。目盛の読みとして正しい値はどれか。次の中から一つ選べ。

1　6.1725

2　6.178

3　6.258

4　6.678

5　6.758

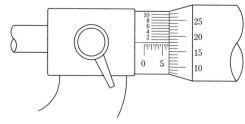

題 意　バーニヤ（副尺）付マイクロメータの読み方について問う問題である。

[解 説]　このマイクロメータは，最小読み取り値を 0.001 mm にするためマイクロ
メータのスリーブ基線の上部にバーニヤ（副尺）目盛を付け，スリーブ基線の下部に
0.5 mm とびの目盛を付けたものである。その読み取り方法は，まずスリーブの 0.5 mm
目盛とシンブル目盛で 0.01 mm の目盛まで読み取り，つぎの 0.001 mm 単位は目分量
ではなくスリーブのバーニヤ（副尺）の目盛とシンブルの目盛の線が合致していると
ころを読み取る。

　　①　スリーブ（0.5 mm）　　　目盛の読み　　6.5 mm
　　②　シンブル（0.01 mm）　　　目盛の読み　　0.17 mm
　　③　バーニヤ（副尺）とシンブルが合致したところの目盛の読み 0.008 mm

　①，②，③を足し合わせると，マイクロメータの読みは 6.678 mm となるので，**4** が
正解である。

[正 解]　**4**

---- **[問]** 4 -----

　マイクロメータのアンビルまたはスピンドルの測定面の平面度検査は，オプ
チカルフラットを用いた光波干渉により行われ，測定面に観測される干渉縞の
本数で平面度が評価される。波長 λ の光を用いる場合，観測される干渉縞の間
隔に対応するすきまの大きさはいくらか。次の中から正しいものを一つ選べ。

　1　$\lambda/4$

　2　$\lambda/2$

　3　λ

　4　2λ

　5　4λ

- - - - - - - - - - - - - - - - - - - -

[題 意]　光波干渉における干渉縞と波長の関係を問う問題である。

[解 説]　光波干渉の原理は文字通り光の波の特性を利用して，その波の干渉によ
り長さを求める。同一光源から出た光がそれぞれ異なる光路を通って再び合わさった
場合，両者の光の波の位相が同位相か逆位相かによって光が強められたり弱められた
りする。同位相では明るく，逆位相すなわち位相が 180° ずれていれば暗くなり，干渉

縞になる。波長を λ とすると $180°$ ごと，すなわち $\lambda/2$ ごとに干渉縞が生じる。したがって，**2** が正解である。

〔**正 解**〕　**2**

------- 〔**問**〕**5** -------

　真円形の板の直径を測定して，円の面積の公式よりその面積を求める。面積の相対合成標準不確かさを 0.10 ％で測定するにあたって，直径の測定結果に許される最大の相対標準不確かさを次の中から一つ選べ。

　なお，他の不確かさ要因は無視できるとする。

　　1　0.01 ％

　　2　0.05 ％

　　3　0.10 ％

　　4　0.20 ％

　　5　0.32 ％

〔**題 意**〕　面積の相対標準不確かさの結果を考察する問題である。

〔**解 説**〕　面積の公式は，直径を D とすると $\pi(D/2)^2$ である。

　直径の不確かさを u_d とすると，u_d は二乗で影響するために $2u_d$ となる。合成標準不確かさは，各不確かさの二乗和の平方根で定義されるため，面積の相対合成標準不確かさを 0.1 ％とするなら

$$0.1 = \sqrt{(2u_d)^2}$$

となる。

　計算を進めると $0.01 = 4 \times u_d^2$ となる。

　したがって，$u_d^2 = (0.0025\%)^2$ なので $u_d = 0.05$ ％となる。

〔**正 解**〕　**2**

------- 〔**問**〕**6** -------

　熱電対の熱起電力に関する次の記述の中から，正しいものを一つ選べ。

　ただし，熱電対素線（素線）の材質は均質であるとする。

1 熱起電力は，温度勾配のあるところで発生する。

2 熱起電力の大きさは，測温接点の温度のみによって定まる。

3 素線の断面積が大きくなると，熱起電力は大きくなる。

4 素線が長くなると，熱起電力は大きくなる。

5 熱起電力は，常に正の値を示す。

[題意] 熱電対の熱起電力の基礎を問う問題である。

[解説] 種類の異なる2本の均質な導体A，Bの両端を電気的に接続し，右図のような閉回路を作り，この両端に温度差 $t_2 - t_1$ を与えると回路中に電流が流れる。この現象は一般にゼーベック効果と呼ばれて

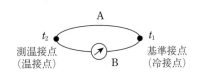

いる。この回路に電流を起こさせる電力を熱起電力と呼び，その極性と大きさは2種類の導体の材質（AとB）と両端の接合点の温度（t_1 と t_2）のみによって定まることが確認されている。このように温度勾配があるところで熱起電力が発生するので **1** は正しい。

熱起電力は測温接点の温度のみによっては定まらないので **2** は誤りである。また，熱起電力は導体の太さや長さ，両端部分以外の温度には無関係であるので **3**，**4** は誤りである。

熱起電力の値は，温度差が0℃以下では負の値を示すので **5** は誤りである。

[正解] 1

[問] 7

熱力学温度を直接測定できる一次温度計として使用できない温度計を次の中から一つ選べ。

1 定積気体温度計

2 音響気体温度計

3 標準用白金抵抗温度計

4 熱雑音温度計

5　絶対放射温度計

[題　意]　一次温度計についての知識を問う問題である。

[解　説]　熱力学温度 T を直接測定できる温度計を一次温度計と呼ぶ。その代表的な例は気体温度計である。19世紀にケルビンが提唱したもので，$PV = nRT$ の理想気体の状態方程式を利用するものである。ここで，P：圧力，V：体積，n：モル数，R：理想気体である。V を一定に保つと，この状態方程式では P と T は比例関係になっているので，一つの定義定点ですべての温度の値がわかることになる。

　一次温度計を使って目盛を付けなければ温度計にならないものは二次温度計と呼ばれ，一般に使われている多くの温度計がこれに該当する。

　1の定積気体温度計は，理想気体の状態方程式を利用して，熱力学温度を直接測定できる一次温度計なので正しい。**2**の音響気体温度計は，精密に寸法が測定された共鳴器内に気体を封入し，その気体の音響共鳴周波数からその気体における音速を求め，熱力学温度を決定する一次温度計である。**4**の熱雑音温度計は，電子の熱運動に起因し，抵抗体に生じる熱雑音の強度と熱力学温度との関係を用いる温度計であり，熱力学温度を直接測定できるので一次温度計である。**5**の絶対放射温度計は，ステファン・ボルツマンの法則を利用しており，全放射エネルギーは熱力学温度の4乗に比例する。熱力学温度を直接測定できるので一次温度計である。

　3の標準用白金抵抗温度計は，金属材料が周囲温度の変化に比例して電気抵抗が変化する性質を利用するものであり，熱力学温度を直接測定するものではない。

[正　解]　**3**

---- [問] 8 ----

　湿度の測定に使用される通風乾湿計に関する次の記述の中から，正しいものを一つ選べ。

1　気温が0℃以下でも使用できるものがある。

2　湿球温度は乾球温度よりも高い値を示す。

3　気圧の変化の影響を受けずに湿度を測定することができる。

4　広い空間よりも，密閉された狭い空間での測定に適している。

5　相対湿度が10％未満の低湿度での測定に適している。

（題 意）　通風乾湿計に関する知識を問う問題である。

（解 説）　通風乾湿計とは，JIS Z8806 湿度 – 測定方法によれば，「通風装置によって通風を始め，湿球の温度指示値が落ち着くのを待って湿球・乾球の温度を読み取る。読み取った値に温度計の器差補正をする。また，その場所の気圧を気圧計で測定する。必要に応じて，気圧計の器差補正及び温度補正を行う。なお，通風乾湿計の使用に当たっては，標準気圧と30％以上の差異がない範囲が望ましい。」と書かれてある。

通風乾湿計は，湿球が氷結する0℃以下でも測定可能であるので **1** は正しい。**2** の湿球温度が乾球温度よりも高い値を示すことはないので誤りである。**3** は気圧の変化に影響するので誤りである。**4** の湿球から蒸発した水が測定場所の湿度に影響を与えるような狭い空間で使用するのは適当ではないので誤りである。**5** の相対湿度は10〜100％の測定には適しているが，10％未満の低湿度の測定には適していないので誤りである。

（正 解）　**1**

---- **問 9** ----

流量計の圧力損失に関する次の記述の中から，正しいものを一つ選べ。

1　差圧流量計の圧力損失は，流量の平方根に比例する。

2　差圧流量計の圧力損失は，流体の密度に反比例する。

3　オリフィス流量計の測定に用いる差圧がそのまま圧力損失となる。

4　面積流量計はその原理上，圧力損失はない。

5　ベンチュリ管の圧力損失は，同一開口比のオリフィスより小さい。

（題 意）　流量計の圧力損失についての理解を問う問題である。

（解 説）　差圧流量計は，ベルヌーイの定理を応用し，絞りを管内に入れる。管内を流体が一様に流れているものとすると，絞りの前の圧力を P_1，絞りの後の圧力を P_2，それぞれの流速を v_1，v_2 とすると，流量 Q は，差圧 $\Delta P = P_1 - P_2$ と流体密度 ρ のみで決定できる。式はつぎのようになる。

$$Q = K\sqrt{\frac{\Delta P}{\rho}}$$

ここで，K は定数である。

　差圧式流量計の圧力損失は，差圧 $P_1 - P_2$ で決まるため，**1** の流量の平方根には比例しない。また，流量が流体の密度に反比例する。よって，圧力損失が反比例するわけではない。**2** は誤りである。差圧流量計に使用する絞りの形状は，オリフィスのほか，流れの乱れを小さくし，圧力損失を小さくしたノズルやベンチェリ管がある。絞りを用いた流量測定では，流速変化が差圧に影響を与えるため，通常上流側に 10 倍以上，下流側に 5 倍以上の直管部を取る必要がある。そのためオリフィス流量計の差圧がそのまま圧力損失とはならないので **3** も誤りである。

　4 の面積流量計は差圧流量計の変形のため圧力損失は小さいが無ではないので誤りである。

　ベンチェリ管の圧力損失は，同一開口比のオリフィスよりも小さい。したがって **5** は正しい。

〔正 解〕 **5**

---------- 問 10 ----------

流量標準に用いる臨界ノズルに関する次の説明の中から，誤っているものを一つ選べ。

　1　流量値は，ノズルスロートの断面積により変化する。

　2　気体・液体いずれにも用いられる。

　3　流量値は，流体中の音速に応じて決まる。

　4　被測定流体の流速と音速との比で求まるマッハ数を考慮する必要はない。

　5　流体の温度，密度を考慮する必要がある。

〔題 意〕　臨界ノズルの構造の基礎に関する問題である。

〔解 説〕

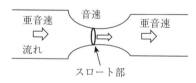

川の流れに例えると川幅が狭いところでは流れが速く，川幅が広いところでは流れが遅くなる。そのような物理現象を利用したのが臨界ノズルである。このノズルの形状は，ラバール・ノズル（流れをいったん絞った後，拡大された管）である。気体が亜音速（音速に比べ6〜7割程度の速さ）の状態で狭いところを通ると流速が速くなり，音速に達する。この音速に達した状態を臨界状態という。臨界状態でノズルを通過する流量は，（流出係数）×（スロート部での音速）×（スロート部断面積）×（密度）で決まる。ここで流出係数は，スロート部に発生する境界層の係数であるレイノルズの関数で表される。その後，広いところを通ると亜音速に戻る。したがって，被測定流体の流速と音速との比で求まるマッハ数を考慮する必要はない。

臨界ノズルは単体では流量を求められないが，臨界ノズルのスロート径，流出係数，臨界ノズルの圧力，温度，湿度などを計測することにより求めることができる。また，測定対象は気体である。

以上の説明から **1**，**3**，**4**，**5** は正しい。**2** の気体・液体いずれにも測定できるのは誤りである。

〔正 解〕 **2**

----- 問 **11** -----

「JIS R 3505 ガラス製体積計」の規定に関する次の記述の中から，誤っているものを一つ選べ。

1 衡量法は，体積計に受け入れられた水又は体積計から排出された水の質量，及び温度を測定して実体積を求める方法である。

2 比較法は，体積計に受け入れられた水又は体積計から排出された水の体積を，標準ビュレット又はこれと同等の性能をもつ体積標準器によって測定する方法である。

3 体積計は，0℃において正しい体積を示す。

4 体積計の目盛は，水際の最深部と目盛線の上縁とを水平に視定して測定するものとして付されている。

5 全量フラスコには，受入体積を測定するものと排出体積を測定するものがある。

【題意】 ガラス製体積計の規定に関する問題である。

【解説】 「JIS R 3505 ガラス製体積計」の規定に関する記述である。

1：規定 10.「誤差の試験方法 (2) 実体積の測定方法 (2.1) 衡量法」に記述されている。

2：規定 10.「誤差の試験方法 (2) 実体積の測定方法 (2.2) 比較法」に記述されている。

4：規定 6.「目盛 (2)」に記述されている。

5：規定 7.「構造及び機能 (11)」に記述されている。全量フラスコには，受入体積を測定するものは「受用」，「In」または「TC」，排出体積を測定するものは「出用」，「Ex」または「TD」の標識が付されている。

3：「規定 6. 目盛 (1)」に記述されているが，目盛は 20 ℃における水を測定したときの体積を表すものとして付されていると記述されているので 0 ℃は誤りである。

【正解】 3

----- 【問】 12 -----

次の圧力検出要素の中から，変動圧力測定時の応答が最も遅いものを一つ選べ。

   1 ダイヤフラム

   2 圧電素子

   3 ブルドン管

   4 液柱

   5 ひずみゲージ

【題意】 圧力検出要素の変動圧力測定時の応答特性についての知識を問う問題である。

【解説】 **2** の圧電素子は応答性が非常に良く，瞬間的なパルス性の圧力変化の測定に適している。**1** のダイヤフラムや **3** のブルドン管及び **5** のひずみゲージなどの弾性式圧力検出器は，その構造設計に依存して変動圧力に対する応答性が決まる。しかし，**4** の液柱は応答性が最も悪く，管壁をぬらす媒体によっては指示の時間遅れが数十秒になるときがある。

(正解) 4

----- (問) 13 ---

時定数が 1.0 s の一次遅れ形計量器にステップ入力を与えたとき，指示値が最終定常値の 95 % に達する時間はいくらか，次の中から最も近い値を一つ選べ。ここで，$\ln 10 = 2.3$，$\ln 20 = 3.0$，$\ln 30 = 3.4$ とせよ。

1 0.63 s

2 1.0 s

3 3.0 s

4 5.0 s

5 6.3 s

(題 意) 一次遅れ形計量器の動特性に関する知識を問う問題である。

(解 説) 一次遅れ形動特性を有する計量器でステップ入力を与えたときの指示値が t 秒後に最終定常値の 95 % に達するのが問題の主旨である。ここで，時定数 τ は 1.0 s である。

式 $y = x\left(1 - \exp\left(-\dfrac{t}{\tau}\right)\right)$ より，$x = 1$ として，問題文より，$y = 0.95$ とすると

$$0.95 = 1 - \exp\left(-\frac{t}{\tau}\right)$$

となる。計算すると

$$0.05 = \exp\left(-\frac{t}{\tau}\right)$$

両辺の自然対数を求めると $\ln(0.05) = -\dfrac{t}{\tau}$ になるから，$\ln(1/20) = -\dfrac{t}{\tau}$ となる。

$$\ln 1 - \ln 20 = 0 - 3 = -\frac{t}{\tau}$$

すなわち，$\dfrac{t}{\tau} = 3$ となる。

したがって，時定数 $\tau = 1.0$ s であるので，指示値が最終定常値の 95 % に到達する時間は 3.0 s である。

(正解) 3

---- 問 14 --

オシロスコープを用いて正弦波信号の測定を行ったところ，図のような波形が観測された。この波形の周波数と振幅（ピークピーク値）の組合せとして正しいものを一つ選べ。

ただし，オシロスコープの水平軸及び垂直軸スケールは，単位グリッドあたりそれぞれ5 ms，1 V とする。

1　　5 Hz，　　3 V

2　　50 Hz，　3 V

3　　50 Hz，　6 V

4　100 Hz，　6 V

5　100 Hz，10 V

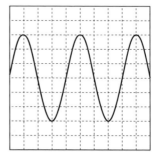

題意　オシロスコープの正弦波信号に関して基礎的な知識を問う問題である。

解説　オシロスコープの水平軸および垂直軸スケールは，単位グリッド当りそれぞれ5 V，1 V であるため，この波形の振幅（ピークピーク値）は，6 V となる。

この波形の周期は20 ms なので，周波数はその逆数であるから

　　　周波数 $= 1/20\,\text{ms} = 0.05 \times 10^3\,\text{Hz} = 50\,\text{Hz}$

となる。

正解　3

---- 問 15 --

高周波測定器に関する次の記述の中から，誤っているものを一つ選べ。

1　スペクトルアナライザは，高周波発振器の高調波の測定に用いられる。

2　ベクトルネットワークアナライザは，高周波回路の反射係数や透過係数の測定に用いられる。

3　熱電対型パワーセンサは，第5世代移動通信システムのビット誤り率の

測定に用いられる。

4　位相同期ループを採用した周波数シンセサイザは, 発振周波数を極めて
安定に制御できる。

5　アバランシェダイオードを利用したノイズソースは, 高周波増幅器の雑
音指数の測定に用いられる。

題 意　高周波測定器に関する理解を問う問題である。

解 説　**1** のスペクトラムアナライザは, 高周波信号に含まれる周波数成分の分
布, すなわちスペクトラムを表示・解析する測定器であるので正しい。**2** のベクトル
ネットワークアナライザは, 高周波デバイスや回路の反射係数や透過係数などを測定
するものであるので正しい。**4** の位相同期ループ周波数シンセサイザは, PLL (Phase
locked loop) 周波数シンセサイザと呼ばれ, 周波数を安定に制御できるものなので正
しい。**5** のアバランシェダイオードを利用したノイズソースは, 高周波増幅器の雑音
指数に使用されるので正しい。

3 の熱電対型パワーセンサは, RF (ラジオ周波数) 測定に使用されるものであるた
め, 第 5 世代移動通信システムのビット誤り率測定には使用されないため誤りである。

正 解　**3**

----- **問 16** ---

計量法に規定する特定計量器であって, 精度等級 3 級, ひょう量 12 kg, 目量
5 g, 使用する場所の重力加速度の範囲が「$9.802 \, \mathrm{m/s^2} \sim 9.807 \, \mathrm{m/s^2}$」と表記さ
れた非自動はかりについて, 重力加速度が $9.797 \, \mathrm{m/s^2}$ の場所で検定を行った。
10 kg 分銅を負荷したとき, 重力加速度の範囲の上限値に対して算出される補正
値に最も近い値はどれか, 次の中から一つ選べ。

1　$+10 \, \mathrm{g}$

2　$+5 \, \mathrm{g}$

3　　$0 \, \mathrm{g}$

4　$-5 \, \mathrm{g}$

5　$-10 \, \mathrm{g}$

[題 意]　非自動はかりを使用し分銅を測定した値が重力加速度の大きさの違いで
変化することの理解度を問う問題である。

[解 説]　計量法に規定する特定計量器であって，精度等級 3 級，ひょう量 12 kg，
目量 5 g の非自動はかりを使用する。分銅を別の場所に移動させると，重力加速度の
影響を受け，分銅の重さは変化する。

検定を行った場所における分銅の重さを W_1，その地の重力加速度の大きさを g_1，移
動した場所での分銅の重さを W_2，重力加速度の大きさを g_2 とすると，その関係は次
式で与えられる。求めたいのは，移動したところでの分銅を測定した場合のはかりの
指示値 W_2 なので

$$W_2 = \frac{W_1}{g_1} \times g_2$$

問題文より，重力加速度の範囲の上限値なので，g_2 は 9.807 m/s^2 を使用する。

したがって，$W_2 = (10/9.797) \times 9.807$ kg $= 10.010$ kg となり，補正値は $+10$ g となる。

[正 解]　**1**

---- **[問] 17** --

計量法に規定する特定計量器である，精度等級 3 級，ひょう量 3 kg，目量 2 g
の非自動はかりの使用公差はどれか，次の中から正しいものを一つ選べ。

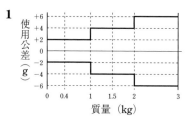

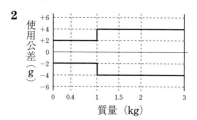

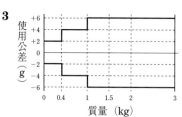

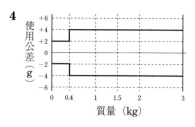

5

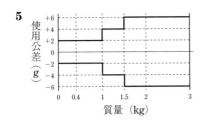

題意 精度等級が3級，ひょう量が3kg，目量2gの非自動はかりの使用公差に関する知識を問う問題である。

解説 単目量はかりの使用公差を求める。精度等級が3級，ひょう量が3kg，目量2gである。

まず検定公差は

$2\,\mathrm{g} \times 500 = 1\,000\,\mathrm{g}$ まで0.5目量なので $\pm 1\,\mathrm{g}$ となる。

$2\,\mathrm{g} \times 1\,500 = 3\,000\,\mathrm{g}$ まで1目量なので $\pm 2\,\mathrm{g}$ となる。

ここで使用公差は，検定公差の2倍であるため

1kgまでは $\pm 2\,\mathrm{g}$

1kgを超え3kgまでは $\pm 4\,\mathrm{g}$

したがって，図で表すと使用公差としての正解は **2** となる。

正解 2

問18

計量法に規定する特定計量器である自動車等給油メーターの器差検定を比較法で行ったとき，自動車等給油メーターの表示値は9.95L，液体メーター用基準タンクの読みは10.05Lであった。このときの器差はいくらか，次の中から一つ選べ。

なお，基準タンクの器差は +0.05L で，自動車等給油メーターは温度換算装置を有していない。

1 +1.0 %

2 +0.5 %

3   0.0 %

4 -0.5 %

5 -1.0 %

[題 意]   自動車等給油メーターの比較法での器差検定に関する知識を問う問題である。

[解 説]   燃料油を基準タンクで受け，メーターの指示値と基準タンクの指示値とを比較算出する方法である。

受検器の計量値 $I = 9.95$ 〔L〕

基準タンクの表す値 $I' = 10.05$ 〔L〕

基準タンクの器差 $e = +0.05$ 〔L〕

真実の値 $Q = I' - e = 10.05 - 0.05 = 10.00$ 〔L〕

器差 $E = \left\{ \dfrac{(I-Q)}{Q} \right\} \times 100$

$\qquad = \left\{ \dfrac{(9.95 - 10.00)}{10.00} \right\} \times 100 = -0.05 \times 10 = -0.5$ 〔%〕

したがって，器差は -0.5 ％となる。

[正 解]   **4**

------- **[問] 19** -------------------------------

図は，台はかりの原理図である。この台はかりのてこ比は $1/50$ である。このときの支点 F_1 から力点 B_1 までの長さ x はいくらか，次の中から一つ選べ。

1   10 cm

2   15 cm

3   20 cm

4   25 cm

5   30 cm

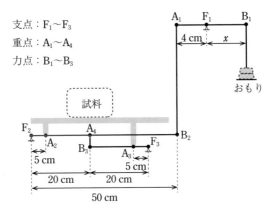

支点：$F_1 \sim F_3$
重点：$A_1 \sim A_4$
力点：$B_1 \sim B_3$

- -

［題意］ 直列連結てこの"てこ比"についての知識を問う問題である。

［解説］ 直列連結は，異名の点どうしを接続する。逆に並列連結は，同名の点どうしを接続する。

ここでは直列連結である。支点 F と重点 A との距離 a，支点 F と力点 B との距離を b とすると，てこ比は b/a で表される。

まず，計量桿のてこ比は，支点 F_1 と重点 A_1 との距離 4 cm，支点 F_1 と力点 B_1 との距離 x から求めると，$x/4$ である。

長機のてこ比は，支点 F_2 と重点 A_4 との距離 20 cm，支点 F_2 と力点 B_2 との距離 50 cm から求めると，50/20 となる。

また，短機のてこ比は，支点 F_3 と重点 A_3 との距離 5 cm，支点 F_3 と力点 B_3 との距離 20 cm から求めると，20/5 となる。

三つのてこの直列連結であるのでてこ比は，それぞれを掛け合わせて

$$\frac{x}{4} \times \frac{50}{20} \times \frac{20}{5}$$

となる。ここで，M を試料の質量，P をおもりの質量とすると

$$M = \left\{ \frac{x}{4} \times \frac{50}{20} \times \frac{20}{5} \right\} \times P$$

となる。ここで台はかりのてこ比が 1/50 であるから，試料の質量は，おもりの質量の 50 倍となるので，$M = 50P$ となる。これを上式に代入すると

$$\left\{\frac{x}{4} \times \frac{50}{20} \times \frac{20}{5}\right\} = 50$$

なので，$x = 20\,\text{cm}$ となる。

(正 解) 3

---------- 問 20 --

図1に示すようにダイヤフラム型ロードセルに4枚のひずみゲージ R_1，R_2，R_3 及び R_4 を接着した。4枚のひずみゲージで図2に示すブリッジ回路を構成する。次の記述の（ア）～（オ）に入る語句の組合せとして，正しいものを一つ選べ。

ただし，ひずみゲージの感度方向は図3とする。

図1のように荷重を加えると，ひずみゲージ R_1 と（ア）は（イ）力を受け，R_2 と（ウ）は（エ）力を受ける。図2のブリッジ回路においてAにひずみゲージ R_1 を配置するとき，ひずみ量を高感度に検出するためには，Dに（オ）を配置する。

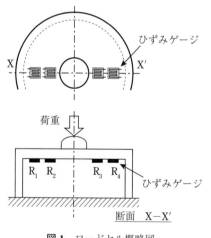

図1 ロードセル概略図

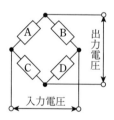

図2 ブリッジ回路

図3 ひずみゲージの感度方向

	ア	イ	ウ	エ	オ
1	R_3	圧縮	R_4	引張	R_2
2	R_3	引張	R_4	圧縮	R_4
3	R_4	圧縮	R_3	引張	R_4
4	R_4	引張	R_3	圧縮	R_3
5	R_3	引張	R_4	圧縮	R_3

〔題 意〕 ひずみゲージを利用したロードセルの検出方法に関する知識を問う問題である。

〔解 説〕 ロードセルとして用いるひずみ検出回路は，大きな出力を得る。温度補償をさせる理由から，一般的に 4 アクティブゲージ法が使われる。

弾性体に接着されたひずみゲージは，ホイートストンブリッジを組むが，このとき一つの対辺に圧縮ひずみを検出するひずみゲージを，他の対辺に引張ひずみを検出するひずみゲージをそれぞれ挿入しなければならない。この問題において荷重が作用したとき，ダイヤフラム式ロードセルに接着されたひずみゲージのうち R_2, R_3 は引張ひずみ，R_1, R_4 は圧縮ひずみを検出するひずみゲージである。

以上から，ブリッジ回路においては対辺に同じひずみを検出するゲージを貼ることとなる。図 2 の A にひずみゲージ R_1 を配置すると，D には R_4 を配置する。

〔正 解〕 3

----- **問 21** -----

電子式はかりを用い，ある試料の質量を，密度が $0.0012\,\mathrm{g/cm^3}$ の空気中で分銅との比較によって計量した。分銅の真の質量は $1\,000.000\,\mathrm{g}$，分銅の体積は $125\,\mathrm{cm^3}$，分銅を電子式はかりに載せたときの表示は $1\,000.000\,\mathrm{g}$ であった。また，試料の体積は $135\,\mathrm{cm^3}$，試料を電子式はかりに載せたときの表示は $1\,000.001\,\mathrm{g}$ であった。このときの試料の真の質量はいくらか。次の中から一つ選べ。

1 $1\,000.013\,\mathrm{g}$

2 $1\,000.012\,\mathrm{g}$

3 1 000.001 g

4   999.989 g

5   999.988 g

[題 意] 浮力の補正に関する問題である。

[解 説] 質量が同じであるが，それぞれに浮力が働いているために真の質量はそれぞれ違ってくる。浮力は，それぞれの体積に空気の密度を乗じたものである。

問題文より

M_A：分銅の真の質量，M_B：試料の真の質量

V_A：分銅の体積，V_B：試料の体積，ρ：比較時の空気密度

とする。

ここで，分銅の質量が 1 000.000 g，試料の測定値が 1 000.001 g なので，それを考慮すると下記の式が成り立つ。

$$M_A - V_A \times \rho = M_B - V_B \times \rho - 0.001$$

ここで試料の真の質量 M_B を求めると

$$\begin{aligned}
M_B &= M_A - \rho(V_A - V_B) + 0.001 \\
&= 1\,000.000 - 0.001\,2 \times (125 - 135) + 0.001 \text{ g} \\
&= 1\,000.001 + 0.001\,2 \times 10 \text{ g} \\
&= 1\,000.013 \text{ g}
\end{aligned}$$

[正 解] 1

[問] 22

計量法に規定する特定計量器である質量計に該当しないものはどれか，次の中から一つ選べ。

1 検査目量が 100 mg の自動捕捉式はかり

2 表す質量が 10 mg の分銅

3 目量が 1 mg の非自動はかり

4 表記された感量が 10 mg の等比皿手動はかり

5 表記された感量が 100 mg の手動天びん

【題 意】 特定計量器に関して知識を問う問題である。

【解 説】 特定計量器の範囲（質量計）

「（イ）非自動はかりのうち次に掲げるもの

(a) 目量（隣接する目盛標識のそれぞれが表す物象の状態の量の差をいう）が 10 mg 以上であって，目盛認識の数が 100 以上のもの (b)，(c) を除く

(b) 手動天びん及び等比皿手動はかりのうち，表記された感量（質量計が反応することができる質量の最小の変化をいう）が 10 mg 以上のもの

(c) 自重計（貨物自動車に取り付けて積載物の質量の計量に使用する質量計をいう）

（ロ）自動はかり※

（ハ）表す質量が 10 mg 以上の分銅

（ニ）定量おもり及び定量増おもり」

※「自動はかり」は，平成29年（2017年）10月に計量制度の見直しにより，特定計量器に追加された。

以上から目量が 1 mg の非自動はかりは，計量法に規定する特定計量器ではない。

【正 解】 3

【問】23

質量を計量する計量器について，特徴的な機構とその役割を示した次の組合せの中から，誤っているものを一つ選べ。

計量器の機構	機構の役割
1 台はかりの組合せてこ	小さな釣合い力で荷重を計量する
2 手動天びんの重心玉	偏置の誤差を最小にする
3 音さ振動式はかりの音さ	荷重の変化を固有振動数の変化に変換する
4 ばね式はかりのラックとピニオン	ばねの伸びを指針の回転運動に変換する
5 静電容量式はかりの平行平板	荷重の変化を静電容量の変化に変換する

(題意)　質量の計量器の特徴的な機構とその役割の組合せについての知識を問う問題である。

(解説)　**1**の「台はかりの組合せてこ」は，てこ比を大きくとることによって大荷重の計量を行うことができる。機構の役割「小さな釣合い力で荷重を計量する」は正しい。**3**の「音さ振動式はかりの音さ」は，「荷重の変化を固有振動数の変化に変換する」ので説明は正しい。**4**の「ばね式はかりのラックとピニオン」は，「ばねの伸びを指針の回転運動に変換する」ので，この説明も正しい。**5**の「静電容量式はかりの平行平板」は，はかり機構の変位をコンデンサーの極板間距離の変化に変え，これに伴う静電容量の変化を発信器の発信周波数として取り出すものである。機構の役割「荷重の変化を静電容量の変化に変換する」は正しい説明である。

2の計量器の機構として「手動天びんの重心玉」は，天びんの感度を調整する場合に使用する。重心玉を上方に動かすと，感度がよくなり，下方に動かすと感度が悪くなる。したがって，機構の役割として「偏値の誤差を最小にする」は，間違いである。

(正解)　**2**

------ (問)**24** ------

計量法に規定する特定計量器であって，精度等級3級，ひょう量6kg，目量1gの非自動はかりについて，検定を行った。試験荷重として2kg分銅を荷重受け部に負荷したところ，2002gを表示した。続いて，100mgの分銅を順次荷重受け部に載せて，追加荷重が600mgになったとき，表示が2003gに変化した。このときの器差を求める計算式はどれか，次の中から一つ選べ。

ただし，分銅の器差はゼロ，はかりの表示はデジタルとし，測定条件は終始一定である。

1　器差 = 2002g + 0.5g − 0.6g − 2000g

2　器差 = 2002g + 0.5g − 0.1g − 2000g

3　器差 = 2003g + 0.5g − 0.6g − 2002g

4　器差 = 2000g + 0.5g − 0.1g − 2002g

5　器差 = 2002g + 0.5g − 0.6g − 2003g

[題 意] 非自動はかりの器差に関する知識を問う問題である。

[解 説] 精度等級3級，ひょう量6 kg，目量1 gのはかりに試験荷重2 kgを負荷したときの計量値は2 002 gで，指示が安定した後微少分銅を負荷して，1目量分変化するまで負荷した質量は600 mgであった。

このときの器差 E を算出する。

目量 $e = 1$ g　$L = 2\,000$ g　$I = 2\,002$ g　$\Delta L = 0.6$ g

が与えられる。

器差 E は

$$E = I + 0.5\,e - \Delta L - L$$
$$= 2\,002 + (0.5 \times 1) - 0.6 - 2\,000 = +1.9 \text{ g}$$

したがって，器差 E は $+1.9$ g となる。

このときの器差を求める計算式は

器差 $= 2\,002$ g $+ 0.5$ g $- 0.6$ g $- 2\,000$ g

となる。正解は **1** である。

器差の式に当てはめられればよいが，式を忘れたときは，図を書いてみるとよい。

下図を書いてみれば，図からも器差の計算式が判別できる。

2 002 gから2 003 gになるということは，2 002.5 gに到達したということであるので，そこから0.6 gを引けば，2 001.9 gとなり，器差が $+1.9$ gになることがわかる。

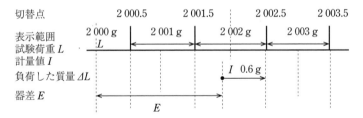

[正 解] 1

---------- **[問]** 25 ----------

「JIS B 7609 分銅」に規定された，分銅の協定質量の拡張不確かさと最大許容誤差に関する次の数式の中から，正しいものを一つ選べ。

ここで，U は包含係数 $k = 2$ の拡張不確かさ，δm は最大許容誤差である。

1    $U \leqq 3\,\delta m$

2    $U \leqq 2\,\delta m$

3    $U \leqq \delta m$

4    $U \leqq 1/2\,\delta m$

5    $U \leqq 1/3\,\delta m$

[題 意] 「JIS B 7609 分銅」に規定されている分銅の協定質量の最大許容誤差および拡張不確かさの関係の知識を問う問題である。

[解 説] 「JIS B 7609：2008 分銅」からの出題である。

分銅の協定質量の拡張不確かさは，最大許容誤差の 1/3 以下でなければならない。拡張不確かさの包含係数は，$k = 2$ とする。

$U \leqq \dfrac{1}{3}\,\delta m$ である。

分銅の協定質量は，公称値に対する隔たりが最大許容誤差と拡張不確かさとの差より大きくなく，次式で表される範囲内になければならない。

$$m_0 - (\delta m - U) \leqq m_c \leqq m_0 + (\delta m - U)$$

m_0：分銅の公称値

δm：最大許容誤差

U ：拡張不確かさ

m_c：分銅の協定質量

[正 解] 5

2.2 第 72 回（令和 3 年 12 月実施）

----- 問 1 -----

「JIS Z 8103：計測用語」に規定される次の測定方式の中で，測定対象量からそれにほぼ等しい既知量を引き去り，その差を測って測定対象量を知る方法はどれか，一つ選べ。

    1 零位法

    2 偏位法

    3 置換法

    4 差動法

    5 補償法

（題 意）「JIS Z 8103：計測用語」からの出題である。

（解 説）**1**：零位法は，測定対象量とは独立に，大きさを調整できる同じ種類の既知量を別に用意し，既知量を測定対象量に平衡させて，そのときの既知量の大きさから測定対象量を知る方法である。

2：偏位法は，測定対象量を原因とし，その直接の結果として生じる指示から測定対象量を知る方法である。

3：置換法は，測定対象量と既知量を置き換えて 2 個の測定の結果から測定対象量を知る方法である。

4：差動法は，同じ種類の 2 量の作用の差を利用して測定する方法である。

5：補償法は，測定対象量からそれにほぼ等しい既知量を引き去り，その差を測って測定対象量を知る方法である。

（正 解）**5**

----- 問 2 -----

ある計量器の校正を行ったときの校正の不確かさを評価する。不確かさ要因 A，B，C の相対標準不確かさが以下のとき，相対合成標準不確かさとして最も近い値を一つ選べ。

ただし，各不確かさ要因に相関関係はなく，各標準不確かさに対する感度係数は 1 とする。

要因 A の相対標準不確かさ　$u_A = 0.2$

要因 B の相対標準不確かさ　$u_B = 2.1$

要因 C の相対標準不確かさ　$u_C = 4.4$

1　2.2

2　4.4

3　4.9

4　6.7

5　9.8

〔**題 意**〕　相対合成標準不確かさを計算する問題である。

〔**解 説**〕　問題文より，相対合成標準不確かさを求めると

$$u = \sqrt{(u_A)^2 + (u_B)^2 + (u_C)^2}$$
$$= \sqrt{(0.2)^2 + (2.1)^2 + (4.4)^2}$$
$$= \sqrt{23.81} = 4.88$$

したがって，最も近い値は 4.9 となる。

〔**正 解**〕　**3**

------ 〔問〕**3** ------

長さ関連量の JIS 規格に基づく計量器に関する次の記述の中から，誤っているものを一つ選べ。

1　呼び寸法 100 mm 以下のブロックゲージの寸法は，測定面を水平にした垂直姿勢におけるものである。

2　直尺は，端面基点の目盛を除き，目盛線の幅の左端で読む。

3　ブロックゲージを用いて，外側マイクロメータを校正する。

4　ノギスは測定力が適切でない場合，ジョウの先で測定したときに誤差が大きくなるおそれがある。

5 光波干渉じまを用いて，オプチカルフラットの平面度を測定する。

[題意] 長さ関連量のJIS規格に基づく計量器に関する問題である。

[解説] **1**：ブロックゲージ（JIS B 7506）ブロックゲージの標準姿勢では，「呼び寸法100 mm以下のブロックゲージの寸法は，測定面を水平にした垂直姿勢における寸法とする。」と記載されている。「呼び寸法100 mmを超えるブロックゲージの寸法は，測定面を垂直にした水平姿勢における寸法であって，狭いほうの側面を負荷応力がない状態で両端からそれぞれ呼び寸法の0.211倍の距離で適正に支持した姿勢における寸法とする。」と記載されている。正しい。

3：マイクロメータ（JIS B 7502）では，「全測定面接触誤差はブロックゲージなどを使用して測定する。」と記載されている。正しい。

4：ノギス（JIS B 7507）は，ノギスの使用上の注意に「ノギスは定圧装置がないため適正かつ均一な測定力で測定しなければならない。さらに，ノギスはアッベの原理に則していないことから，ジョウの先で測定したときに誤差が大きくなる傾向があるため注意する。」と記載されている。正しい。

5：オプチカルフラット（JIS B 7430：7. 平面度の測定方法）では，「フラットの平面度は基準平面を用いて光波干渉じまを測定する」と記載されている。正しい。

2：直尺（JIS B 7516）は端面基点の目盛を除き，目盛線の幅の真中で読むので，左端で読むことは誤りである。

[正解] **2**

--- **[問] 4** ---

長さを計る次の計量器の中から，機械的な拡大原理を利用しているものを一つ選べ。

  1 リニアエンコーダ

  2 バーニアノギス

  3 ダイヤルゲージ

  4 レーザ干渉計

  5 ブロックゲージ

【題　意】　長さを計る計量器の原理を問う問題である。

【解　説】　**1**：リニアエンコーダは，磁気検出ヘッドで磁気スケールを読み取り，その変位量を検出測定量に変換する長さ計である。

2：ノギスは，英語名はバーニアキャリパと言われる。本尺目盛とバーニア目盛でもって最小目盛以下の数値の読み取りができる。

4：レーザ干渉計は，光の干渉を利用して長さの変位量を読み取る装置である。

5：ブロックゲージは，ブロックの端面間隔で長さを定義するもので，実用的な長さの標準器として幅広く用いられている。工業用に使用されている測定器の原器とされ，最も精度の高いゲージである。

3：ダイヤルゲージは，測定子の動きに対してラックとピニオンを利用した機構で拡大し，それを指針の動きに表した比較測定器である。比較測定器とは，ノギスやマイクロメータなどのようにその測定器で直接測定値を読み取るのではなく，何か別の基準と比較し，その測定値や差を読み取る測定器をいう。必ず比較する基準が必要となる。このように機械的な拡大を用いている計量器である。

【正　解】　3

──── 問 5 ────

気温 20 ℃において器差がゼロのマイクロメータを用いて，気温 15 ℃の場所で，銅製部品の寸法を測定したところ，指示値は 100.000 mm であった。この銅製部品の 20 ℃における寸法はいくらか。次の中から最も近い値を一つ選べ。

ただし，マイクロメータ，銅製部品の熱膨張係数はそれぞれ，$12 \times 10^{-6} \mathrm{K}^{-1}$，$18 \times 10^{-6} \mathrm{K}^{-1}$ とし，マイクロメータと銅製部品は気温に十分になじんでいるものとする。

   1　　99.994 mm

   2　　99.997 mm

   3　100.000 mm

   4　100.003 mm

   5　100.006 mm

【題 意】 長さ計の使用上，注意しなければならない温度の管理についての問題である。

【解 説】 一般的に鋼の熱膨張係数は $\alpha = 11.5 \times 10^{-6}\,℃^{-1}$ なので，1 m の鋼は温度が1℃上昇すると，11.5 μm 伸びることとなる。問題文では気温15℃のときに銅製部品を測定したら指示値が 100.000 mm であった。ここでは20℃のときの寸法を問うものである。温度が上がると指示値は大きくなるので正解は **4**，**5** に絞られる。

工業上における長さの標準温度は，国際的に20℃に統一されている。度器（ここではマイクロメータ）や品物（銅製部品）の温度が20℃でないとき，品物の標準温度における長さは

ℓ_s：20℃における銅製部品の寸法

ℓ_t：15℃における銅製部品の寸法

ℓ：測定値（ここでは 100.00 mm）

α_s：度器（マイクロメータ）の熱膨張係数。ここでは，$12 \times 10^{-6}\,K^{-1}$

α：銅製部品の熱膨張係数。ここでは，$18 \times 10^{-6}\,K^{-1}$

t：銅製部品の測定中の温度

t'：度器（マイクロメータ）の測定中の温度

とすると

$$\ell_s ≒ \ell(1 + \alpha_s(t - 20) - \alpha(t' - 20))$$

となる。ここでは品物と度器が同じ温度 $(t = t')$ なので

$$\ell_s ≒ \ell(1 + (\alpha_s - \alpha)(t - 20))$$

となる。数値を代入すると

$$\ell_s = 100.000(1 + (12 - 18) \times 10^{-6}(15 - 20))$$
$$= 100 + 30 \times 10^{-4} = 100.000 + 0.003 = 100.003$$

となる。したがって，100.003 mm となり，正解は **4** である。

【正 解】 **4**

問 6

次の量を表す単位の中から SI 単位でないものを一つ選べ。

ただし，SI は国際単位系のことである。

1 時間：s

2 輝度：cd／m²

3 加速度：m／s²

4 磁束：Wb

5 体積：L

【題 意】 SI 単位の基礎を問う問題である。

【解 説】 **1**：s（秒）は，SI 単位である。

2：cd／m²（輝度）は，光源の明るさである SI 単位である。

3：m／s²（加速度）は，SI 組立単位である。

4：Wb（ウェーバ）は，磁束の単位であり，**3** と同じ組立単位である。

5：L（リットル）は，容量の単位であり，SI 単位と併用できる非 SI 単位の一つである。したがって，**5** の L が非 SI 単位である。

【正 解】 **5**

---- 問 **7** ----------------------------------

圧子の押し込みによる変形量を使った測定を行わない硬さはどれか。次の中から一つ選べ。

1 ショア硬さ

2 ビッカース硬さ

3 ブリネル硬さ

4 ロックウェル硬さ

5 ヌープ硬さ

【題 意】 硬さ計の基礎を問う問題である。

【解 説】 **2**：ビッカース硬さ試験は，対面角 136°のダイヤモンド四角錐圧子を用い，押し付けた荷重を生じた永久くぼみの対角線から求めた表面積で除した商で表す。

5：ヌープ硬さ試験機は，ビッカース硬さ試験機で変形四角錐ダイヤモンド圧子を用いたものである。

3：ブリネル硬さは，鋼球圧子を押し付けたときの荷重を永久くぼみの直径から求めた表面積で除した商で表す。

4：ロックウェル硬さ試験機は，基準荷重を加えて，つぎに試験荷重を加え，再び基準荷重に戻したときのくぼみの深さを求める。

上記の硬さ試験機は，圧子の押し込みによる変形量を使った測定を行う。

1：ショア硬さ試験機は，ダイヤモンドハンマを一定の高さから落としたときのはね返りの高さ（ショア高さ）から求めるので，圧子の押し込みによる変形量を使った測定は行われない。したがって，正解は **1** である。

〔正 解〕 1

------- 問 8 -------

周波数，振動数を使った測定に関する説明のうち誤っているものはどれか，次の中から一つ選べ。

1　振動子に荷重が加わった際の振動数の変化から力の測定ができる。

2　長さの標準となる光周波数コムは，広帯域かつ櫛状のスペクトルを持つ光のことである。

3　原子時計は，原子の固有共鳴周波数を用いた時計である。

4　振動式密度計は，振動管が流体に接した際の振動数の変化により密度を測定する。

5　ドップラー速さ計は，波の発生源と観測者が近づくことで周波数が低くなることを使っている。

〔題 意〕 周波数・振動数を使用する測定法における説明に関する問題である。

〔解 説〕 **1**：振動数の変化から力の測定を行うことは，例えば音さ振動式はかりに用いられる原理である。

2：光周波数コムは，光のうなりを利用した光検出器で横軸に光の周波数，縦軸に光の強度を取ると，歯がきれいに並んだ櫛のように見える。英語で櫛は comb（コム）といい，この技術を"光周波数コム"，または単に"光コム"という。

3：原子時計は，原子周波数測定装置と呼ばれ，原子の固有共鳴周波数を用いた時計

である。

4：振動式密度計は，固有振動周期測定方式（振動式）による密度測定を行う装置である。

5：ドップラー速さ計は，波の発生源と観測者が近づくと周波数は高くなり，逆に波の発生源と観測者が遠くなると周波数は小さくなるので問題の内容は誤りである。

[正 解] 5

[問] 9

熱電対に関する次の記述の中から，誤っているものを一つ選べ。

ただし，熱電対素線の材質は均質であるとする。

1　熱電対は，ゼーベック効果を利用して温度を測定する。

2　基準接点は，熱電対素線と補償導線を接続した接点である。

3　測温接点は，測温対象物に熱的に接触させる熱電対素線の接合点である。

4　基準関数は，規準熱起電力を表す温度の式である。

5　熱起電力の大きさは，熱電対素線の長さや太さには無関係である。

[題 意]　熱電対に関する問題である。

[解 説]　種類の異なる 2 本の均質な導体 A，B の両端を電気的に接続し下図のような閉回路を作り，この両端に温度差 t_1，t_2 を与えると回路中に電流が流れる。この現象は一般にゼーベック効果と呼ばれている。この回路に電流を起こさせる電力を熱起電力と呼び，その極性と大きさは 2 種類の導体の材質（A と B）と両端の接合点の温度（t_1 と t_2）のみによって定まることが確認されている。また，導体の太さや長さ，両端部分以外の温度には無関係である。

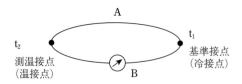

通常は温度を測定する側とは反対側になる端部を一定温度（0℃）に保ち，熱起電力を測定することであらかじめわかっている熱起電力と温度の関係から測定対象の温度

を知る。この測定する側の接点を測温接点または熱接点と呼び，反対側の一定温度に
保つ接点を基準接点または冷接点と呼ぶ。基準関数は，規準熱起電力を表す温度の式
である。以上の説明から **1**，**3**，**4**，**5** は正しい。

2 の「基準接点は，熱電対素線と補償導線を接続した接点」の記述は誤りである。

［正 解］ 2

---- **問 10** ----

　体温の測定に使用される温度計に関する次の記述の中から，誤っているもの
を一つ選べ。

1　ガラス製体温計は，ガラスに対する感温液の見かけの膨張により体温を
　測定する。

2　電子式体温計は，予測機能を用いることで最終到達温度に達するより早
　い時点で体温を予測して表示する。

3　耳用赤外線体温計は，熱伝導の原理に基づき体温を測定する。

4　サーミスタ測温体は，感温素子の抵抗が大きいので導線抵抗の影響をほ
　ぼ無視できる。

5　熱画像装置は，物体表面の温度に応じて放射される赤外光の空間分布を
　撮像する装置である。

［題 意］ 体温の測定に用いられる温度計に関する問題である。

［解 説］ **1**：ガラス製体温計は，ガラスに対する感温液の見かけの膨張により体温
を測定するので正しい。

2：電子式体温計は，正確な体温（平衡温度）を得るためには一般にわきの下で10分
くらいの検温時間が必要である。それでは長いので短時間で測定できるようにするた
めにコンピュータで予測し，時間を短縮している。

4：サーミスタ測温体は，電気抵抗体であり，温度変化に応じて電気抵抗が変化する
ことを利用した感温半導体である。感温素子の抵抗が大きいので導線抵抗の影響は無
視できる。

5：熱画像装置の説明もその通りである。

3：耳用赤外線体温計は，耳の孔に挿入し，鼓膜とその周辺の耳道から出ている赤外線をセンサで検出し，極めて短時間で検温できるものであるので，熱伝導の原理に基づき体温を測定するという記述は誤りである。

[正解]　3

----- [問] 11 -----

一次遅れ形計量器に，振動数 10 Hz の正弦波状の入力を与え続けた。出力は同じ振動数で正弦波状に変化しているが，位相は入力よりも 45° 遅れていた。この計量器の時定数はいくらか。次の中から最も近い値を一つ選べ。

1　0.1 s

2　0.063 s

3　0.016 s

4　0.01 s

5　0.006 3 s

[題意]　一次遅れ型の計量器に関する問題である。

[解説]　一次遅れ型の計量器に，振動数 10 Hz の正弦波状に変化する入力を与えた。時定数を τ とすると，$\omega = 1/\tau$ のときに，ゲインは -3 dB，位相遅れは 45° となる。この条件に対応する周波数を折れ点周波数という。ここでは $f = 1/(2\pi\tau)$ が折れ点周波数である。

$\tau = 1/(2\pi f)$ となり

$= 1/2\pi f = 1/(2 \times 3.14 \times 10) = 0.016$ s

[正解]　3

----- [問] 12 -----

容積が 1 000 cm^3 の剛体容器 A を利用して，容積が不明の剛体容器 X の容積を測定したい。両者は遮断バルブの付いた配管でつながれている。またそれぞれの容器には圧力計及び空気の注入排出のための配管が付いている。まず遮断バルブを閉めておき，容器 A 内の空気の圧力を 400 kPa，容器 X 内の空気の圧

力を 100 kPa にした。つぎに両容器内の温度が常に一定に保たれるように静か
に遮断バルブを開けたところ，両容器内の圧力は同じ 200 kPa となった。

次の中から容器 X の容積に最も近い値を一つ選べ。

ただし，圧力計，配管やバルブなどの容積は無視できるとする。なお，ここ
に示した圧力はすべて絶対圧力である。

1 1 000 cm³

2 2 000 cm³

3 3 000 cm³

4 4 000 cm³

5 5 000 cm³

［題 意］ 容器の体積を測定する一手法である圧力法に関するもので，気体の体積
と圧力の関係（ボイルの法則）に関する理解を問うものである。

［解 説］ 理想気体においては物質量と温度が変化しなければ圧力と体積の積は一
定である（ボイルの法則）。容器 A と X に入っている気体は同一で温度も同じである
から，バルブを開ける前と後の圧力と体積の積の総和は変わらないはずである。

そこで

$(400 \text{ kPa}) \times V_A + (100 \text{ kPa}) \times V_X = (200 \text{ kPa}) \times (V_A + V_X)$ が成り立つ。

ここで，V_A は容器 A の内容積で 1 000 cm³

V_X は求める容器 X の内容積である。

V_A に数値を代入して計算をすると，$V_X = 2\,000$ cm³ となる。したがって正解は **2** で
ある。

［正 解］ 2

------ **［問］ 13** ------

常温の気体および液体の両方に適用でき，圧力損失が小さく，可動部がない
という特徴を有している流量計はどれか。次の中から正しいものを一つ選べ。

1 面積流量計

2 電磁流量計

3 タービン流量計

4 超音波流量計

5 オリフィス流量計

[題 意] 流量計の特徴について理解を問う問題である。

[解 説] 超音波流量計の特徴としては

- 気体や液体両方の測定ができる。
- 構造が簡単で機械的可動部がない。
- 圧力損失がほとんどない。
- 渦流量計などに比べ大口径が容易に製作できる。

などが挙げられる。つまり，超音波流量計は，問題文で挙げられた特徴を有している。

　電磁流量計も圧力損失がほとんどない流量計であるが，気体の測定ができないので，問題文の特徴に当てはまらない。

[正 解] **4**

---- [問] **14** ----

　アナログ式テスター（回路計）で直流電圧を測定したところ，指針は図の目盛を示した。測定レンジが 12 V であるとき正しい測定値はどれか。次の中から正しいものを一つ選べ。

　ただし，指針の零点位置は測定前に正しく調整されているものとする。

1   7.4 V

2   7.6 V

3   12.0 V

4   18.5 V

5   19.0 V

[題 意] アナログ式テスター（回路計）の目盛の読み方を問うものである。

[解 説] アナログ式テスター（回路計）で直流電圧を測定する。条件は測定レンジ 12 V であることと直流（DC）である。目盛を読むと 7.4 V である。正解は **1** である。

AC（交流電圧）または 30 V レンジの目盛と間違えないように解答したい。

[正 解] 1

---- [問] 15 ----

ある高周波電源に減衰量が 20 dB の減衰器を接続し，パワーメータを使ってその減衰器の出力パワーを測定したところ 5 mW であった。この高周波電源の出力パワーはいくらか。次の中から正しいものを一つ選べ。

ただし，接続部での反射及び損失は無視できるものとする。

1 25 mW

2 50 mW

3 100 mW

4 250 mW

5 500 mW

[題 意] 高周波電源に関する理解を問うものである。

[解 説] 電力比が 20 dB ということは，$20\,\text{dB} = 10\log_{10} X$ であり，$X = 100$ である。つまり，元の高周波電源の出力パワーは，減衰した出力パワーの 100 倍ということである。したがって，$5\,\text{mW} \times 100 = 500\,\text{mW}$ なので正解は **5** である。

[正 解] 5

---- [問] 16 ----

計量法に規定する特定計量器である自動車等給油メーターの器差検定において，器差（E）を求めるために **A** あるいは **B** の計算式を用いる。この式の変数の意味として誤っているのはどれか。次の中から一つ選べ。

A 温度換算装置を有しない場合

$E = \{I - (Q - e)\}/(Q - e) \times 100$

B 温度換算装置を有する場合

$E = \{I - (Q - e) \times at\}/\{(Q - e) \times at\} \times 100 + \beta(15 - T)$

1　I：受験器の指示値

2　Q：基準タンクの読み

3　e：基準タンクの最少測定量

4　β：基準タンクの体膨張係数

5　T：基準タンクの温度

〔題 意〕　自動車等燃料油メーターの比較法における器差の求め方の式を問うものである。

〔解 説〕　自動車等燃料油メーター（JIS B 8572-1）附属書 A 器差検定の方法では、「比較法による場合は、基準タンク、基準フラスコ、基準体積管または基準燃料油メーターを用い、その基準器の器差を補正して燃料油または試験液の真実の値を求めて、器差を求めることにより行う。ただし、温度換算装置を持つ計量システムにあっては、表記された燃料油または試験液の体積をその温度換算装置の基準温度に換算して行う。」と記載されている。

燃料油を基準タンクで受け、メーターの指示値と基準タンクの指示値とを比較算出する方法である。器差 E は、次式で表される。

$$E = \left\{ \frac{I-(Q-e)}{(Q-e)} \right\} \times 100$$

ここで、I は受検器の指示値、Q は基準タンクの読み、e は基準タンクの器差である。これは、問題文 A の温度換算装置を有しない場合である。

一方、問題文 B の温度換算装置を有するシステムにおいて、基準タンクを用いる場合の器差 E は、次式によって四捨五入により小数点 4 位まで算出すると記載されている。

$$E = \left\{ \frac{(I-(Q-e) \times \alpha t)}{(Q-e) \times \alpha t} \right\} \times 100 + \beta(15-T)$$

ここで、αt は温度に対する容積換算係数、β は基準タンクの体膨張係数、T は基準タンクの温度である。

したがって、e は、基準タンクの最少測定量ではなく、基準タンクの器差であり、**3** は誤りである。

〔正 解〕 3

------ 問 17 ------

計量法に規定する特定計量器である，精度等級2級，ひょう量32 kg，目量1 g の非自動はかりの使用公差はどれか。次の中から正しいものを一つ選べ。

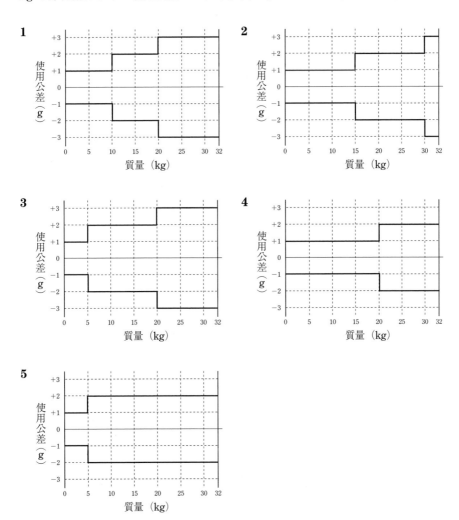

題 意 精度等級が2級，ひょう量が32 kg，目量1 g の非自動はかりの使用公差に関する知識を問うものである。

〔解 説〕 精度等級の2級の非自動はかりの問題が初めて出題された。

単目量はかりの使用公差を求める。精度等級が2級，ひょう量が32 kg，目量1gである。

まず検定公差を求める。

$1\,\mathrm{g} \times 5\,000 = 5\,000\,\mathrm{g}$ までは，0.5目量なので $\pm 0.5\,\mathrm{g}$ となる。

つぎに，5 000 g を超え，$1\,\mathrm{g} \times 20\,000 = 20\,000\,\mathrm{g}$ までは，1目量なので $\pm 1\,\mathrm{g}$ となる。

最後に，20 000g を超え，$1\,\mathrm{g} \times 32\,000 = 32\,000\,\mathrm{g}$ までは，1.5目量なので $\pm 1.5\,\mathrm{g}$ となる。

ここで使用公差は，検定公差の2倍であるので

5 kg までは $\pm 1\,\mathrm{g}$

5 kg を超え 20 kg までは $\pm 2\,\mathrm{g}$

20 kg を超え 32 kg までは $\pm 3\,\mathrm{g}$

となる。したがって，使用公差の正しい図は **3** となる。

〔正 解〕 3

---------- **〔問〕18** --

計量法に規定する主として一般消費者の生活の用に供される特定計量器（以下「家庭用特定計量器」という。）に関する記述を以下に示す。記述中の（ア），（イ），（ウ）に該当する組合せで正しいものを一つ選べ。

家庭用特定計量器には，ひょう量が（ア）以下の非自動はかりで専ら調理に際して食品の質量の計量に使用するものがある。

この家庭用特定計量器を製造するときは，経済産業省で定める技術上の基準に適合するようにしなければならず，届出製造事業者又は（イ）を行う事業者は，販売する時までに（ウ）を付さなければならない。

	ア	イ	ウ
1	5 kg	修理	〔正 家庭用〕
2	3 kg	輸入	〔正 家庭用〕

3 5 kg 輸入 （正家庭用）

4 3 kg 輸入 （JIS）

5 5 kg 修理 （JIS）

〔題意〕 家庭用特定計量器に関する問題である。

〔解説〕 JIS B 7613：2015 の「家庭用はかり－一般用体重計，乳幼児用体重計及び調理用はかり」の適用範囲は，家庭用はかり（一般用体重計，乳幼児用体重計および調理用はかり）であって，目量が 10 mg 以上かつ目盛標識の数が 100 以上のつぎのはかりについて規定している。

・ひょう量が 20 kg を超え，200 kg 以下の一般用体重計

・ひょう量が 20 kg 以下の乳幼児用体重計

・ひょう量が 3 kg 以下の調理用はかり

また，家庭用特定計量器を製造または輸入し，販売するときは，記述基準（JIS B 7613）に適合するようにしなければならず，販売するときまでに技術基準に適合していることを示す表示（いわゆる丸正マーク※）をしなければならない。

したがって，アが 3 kg　イが輸入　ウが丸正マークである。正解は **2** である。

※ **1** ～ **3** のウのマークを「丸正マーク」と呼ぶ。

〔正解〕 2

---- **〔問〕19** ----

計量法に規定する特定計量器であって，精度等級 3 級，ひょう量 6 kg，目量 1 g，使用する場所の重力加速度の範囲が「$9.801 \, \mathrm{m/s^2} \sim 9.803 \, \mathrm{m/s^2}$」と表記された非自動はかりについて，重力加速度が $9.798 \, \mathrm{m/s^2}$ の場所で検定を行った。1 kg 分銅を負荷したとき，重力加速度の範囲の上限値に対して算出される補正値に最も近い値はどれか。次の中から一つ選べ。

1　+0.5 g

2　+3.0 g

3　+4.0 g

4　＋5.0 g

5　＋50.0 g

【題意】　計量法に規定する特定計量器に関して検定を行ったときに重力加速度の影響を考える問題である。第 71 回の問 16 の類題。

【解説】　計量法に規定する特定計量器であって，精度等級 3 級，ひょう量 6 kg，目量 1 g の非自動はかりを使用する。分銅を別の場所に移動させると，重力加速度の影響を受け分銅の指示値は変化する。

検定を行った場所における分銅の重さを W_1，その地の重力加速度の大きさを g_1，移動した場所での分銅の重さを W_2，重力加速度の大きさを g_2 とすると，その関係は次式で与えられる。求めたいのは，移動したところでの分銅を測定した場合のはかりの指示値 W_2 なので

$$W_2 = \frac{W_1}{g_1} \times g_2$$

問題文より，重力加速度の範囲の上限値なので，g_2 は 9.803 m/s^2 を使用する。

したがって，$W_2 =$（1/9.798）× 9.803 kg = 1.000 5 kg となり，補正値は ＋0.5 g となる。

【正解】　**1**

----- 問 20 -----

ロバーバル機構が用いられている質量計はどれか。次の中から一つ選べ。

1　竿はかり

2　等比手動天びん

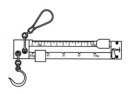

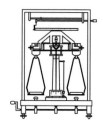

3 懸垂手動はかり

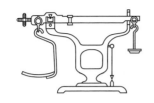

4 バネ式はかり

5 等比皿手動はかり

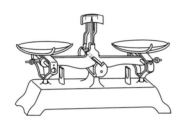

[題 意] ロバーバル機構に関する問題である。

[解 説] **1**：竿はかり（棒はかり）は，古くから生活のなかで，使用されていたはかりである。てこを利用したはかりである。

2：等比手動天びん（**図1**）は，現在，電子天びんが主流となっているが，手動天びんは測定原理が簡単であり，非常に精度がいいので，精密測定でも使用されている。て

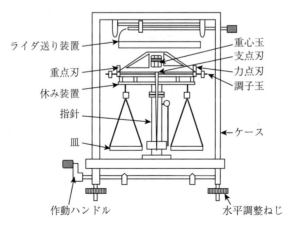

図1 等比手動天びん

こを利用したはかりである。支点，重点，力点には刀（めのう，合成ルビー，合成ファイアなど）が用いられ，支点刃は，柱の上部に固定された刃受けで支えられている。皿は重点刃，力点刃上に載った刃受からつり下げられている。さおの中央下部に指針が付けられている。刃先は鋭利に研ぎ上げられているので，被計量物や分銅が載せ降ろしの際に傷が付かないように休み装置が付けられている。

3：懸垂手動はかりは，てこを利用したはかりである。

4：ばねばかりは，ばねを利用したはかりで零位法が用いられている。

5：等比皿手動はかり（上皿天びん）（**図2**）は，学生時代，理科の実験でよく使用されたはかりである。左の皿に試料をのせ，これに釣り合うだけの分銅を右の皿に載せることにより，計量値が得られる。

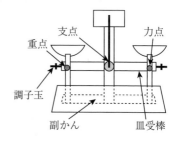

図2 等比皿手動はかり

副かんと呼ばれる補助のてこがあり，これがロバーバル機構を成しており，皿が転覆しないようになっている。

（正解） **5**

------- **問 21** -------

計量法に規定する特定計量器であって，精度等級3級，ひょう量6 kg，目量1 g の非自動はかりについて，器差検定を行った記録を下記に示す。器差が検定公差を超えた試験荷重はどれか。次の中から一つ選べ。

ただし，分銅の器差はゼロ，はかりの表示はデジタルとし，測定条件は終始一定であった。

1 20 g

2 500 g

3 2 000 g

4 4 000 g

5 6 000 g

非自動はかりの器差検定		
試験荷重	非自動はかりの表示値	追加荷重
20 g	20 g	500 mg
500 g	500 g	600 mg
2 000 g	2 001 g	400 mg
4 000 g	4 001 g	500 mg
6 000 g	6 001 g	500 mg

【題 意】 検定公差の問題であるが，検定公差と器差検定の結果を求めなければならない新しい方向の出題である。

【解 説】 精度等級3級，ひょう量6 kg，目量1 gの非自動はかりに試験荷重を20, 500, 2 000, 4 000, 6 000 g負荷したときの計量値が表に記述されている。

まず検定公差は

$1\,\text{g} \times 500 = 500\,\text{g}$ までは0.5目量なので ±0.5 gとなる。

$1\,\text{g} \times 2\,000 = 2\,000\,\text{g}$ までは1目量なので ±1 gとなる。

$1\,\text{g} \times 6\,000 = 6\,000\,\text{g}$ までは1.5目量なので ±1.5 gとなる。

1：試験荷重20 gでは，20 gで，指示が安定した後に微少分銅を負荷して，1目量分変化するまで負荷した質量は500 mgであった。

このときの器差 E を算出する。

器差 E は

$$E = I + 0.5\,e - \varDelta L - L$$

で与えられる。ここで，I：非自動はかりの表示値，$\varDelta L$：追加荷重，L：試験荷重である。

問題文より，目量 $e = 1\,\text{g}$，$L = 20\,\text{g}$，$I = 20\,\text{g}$，$\varDelta L = 0.5\,\text{g}$ なので，**1** の器差 E は

$$E = I + 0.5\,e - \varDelta L - L$$
$$= 20 + (0.5 \times 1) - 0.5 - 20 = 0\,\text{g}$$

となる。

同様に他の試験荷重も求めると

2：試験荷重500 gなので

$$E = 500 + (0.5 \times 1) - 0.6 - 500 = -0.1\,\text{g}$$

3：試験荷重2 000 gなので

$$E = 2\,001 + (0.5 \times 1) - 0.4 - 2\,000 = +1.1\,\text{g}$$

4：試験荷重4 000 gなので

$$E = 4\,001 + (0.5 \times 1) - 0.5 - 4\,000 = +1.0\,\text{g}$$

5：試験荷重6 000 gなので

$$E = 6\,001 + (0.5 \times 1) - 0.5 - 6\,000 = +1.0\,\text{g}$$

以上より，2 000 gのときに器差が ±1.0 gを超えていることから，器差が検定公差を超えた試験荷重は **3** である。

[正 解] 3

----- [問] 22 -----

「JIS B 7609 分銅」の規定に従って，公称質量 100 g の M_1 級の試験分銅の協定質量を校正する。ここでは，F_2 級の参照分銅との等量比較を行い，M_1 級に要求される合成標準不確かさ 0.8 mg の実現を目指す。次の要因 **A**，**B**，**C** について補正を行わない場合，これらを不確かさとして考慮するものに○，考慮しないものに × を付ける。目標の不確かさを実現する校正方法として，正しい組合せを選択肢の中から一つ選べ。

ただし，参照分銅は F_2 級，試験分銅は M_1 級として JIS マーク表示の認証を受けており，JIS で規定している技術的要件を満たしている。

A　空気浮力の影響

B　重力加速度の影響

C　磁性の影響

	A	B	C
1	×	×	×
2	×	○	×
3	×	○	○
4	○	○	○
5	○	×	×

[題 意]　「JIS B 7609 分銅」の附属書 C「分銅又は組分銅の校正方法」からの出題である。

[解 説]　**A**　空気浮力の影響：　C.6.3.1 空気浮力補正が無視できる場合でさえ，浮力効果の不確かさへの寄与分は無視できず，考慮しなくてはならない。したがって，参照分銅に F_2 級を使用するので，空気浮力の影響は補正の必要ないが，不確かさは考慮しなければならない。

B 重力加速度への影響： 一般的に同じ場所での分銅やはかりの使用においては，重力加速度の大きさの影響は無視できるものである。したがって，重力加速度の影響は補正の必要がなく不確かさも考慮しなくてよい。

C 磁性の影響： C.6.4.5 磁性の不確かさによれば，分銅が高磁性化である，または磁化されている場合，その磁気的な作用力は分銅およびひょう量皿に非磁性スペーサを配置することでしばしば減少できる。分銅がこの規格の磁性特性の要求を満足している場合には，磁性による不確かさはゼロと見なしてよいとある。したがって，磁性の影響は補正の必要がなく，不確かさも考慮しなくてよい。

以上の説明から，正解は **5** となる。

〔正 解〕 5

------〔問〕23------

「JIS B 7609 分銅」に規定された，分銅の協定質量の最大許容誤差とその拡張不確かさに関する数式はどれか。次の中から正しいものを一つ選べ。

ここで，U は包含係数 $k = 2$ の拡張不確かさ，δm は最大許容誤差である。

1 $U \leqq 1/5\, \delta m$

2 $U \leqq 1/4\, \delta m$

3 $U \leqq 1/3\, \delta m$

4 $U \leqq 1/2\, \delta m$

5 $U \leqq \delta m$

〔題 意〕「JIS B 7609：2008 分銅」からの出題である。

〔解 説〕「JIS B 7609：2008 分銅」に規定された「分銅の協定質量と最大許容誤差とその拡張不確かさ」に関する数式からの出題である。

「分銅の協定質量の拡張不確かさは，最大許容誤差の 1/3 以下でなければならない。」と規定されている。拡張不確かさの包含係数は，$k = 2$ とする。

ここで，U は包含係数 $k = 2$ の拡張不確かさ，δm は最大許容誤差であるので，題意より，$U \leqq 1/3\, \delta m$ である。

〔正 解〕 3

-------- 問 24 --------

電子式はかりを用い，ある試料の質量を空気中で分銅との比較によって測定した。試料の真の質量 Mx を計算する以下の式を完成させるために，正しい $(ア)$ 及び $(イ)$ の組合せを，次の中から一つ選べ。

ここで，

Mw：分銅の真の質量

Vw：分銅の体積

Iw：分銅を電子式はかりに載せたときの表示

Vx：試料の体積

Ix：試料を電子式はかりに載せたときの表示

ρ_a：空気の密度

とする。

$$Mx = Mw + \boxed{(ア)} + \rho_a \boxed{(イ)}$$

	（ア）	（イ）
1	$(Ix - Iw)$	$(Vx - Vw)$
2	$(Iw - Ix)$	$(Vx - Vw)$
3	$(Ix - Iw)$	$(Vw - Vx)$
4	$(Ix + Iw)$	$(Vx - Vw)$
5	$(Ix - Iw)$	$(Vx + Vw)$

[題意] 浮力に関する問題である。

[解説] 質量が同じであるが，それぞれに浮力が働いているために真の質量はそれぞれ違ってくる。浮力は，それぞれの体積に空気の密度を乗じたものである。

問題文より，下記の式が成り立つ。

$$Mx〔g〕 - \rho_a Vx〔g〕 - Ix〔g〕 = Mw〔g〕 - \rho_a Vw〔g〕 - Iw〔g〕$$

ここで求めたいのは，試料の真の質量 Mx であるので

$$Mx = Mw + (Ix - Iw) + \rho_a(Vx - Vw)$$

となる。

したがって，[ア]が $(I\mathrm{x} - I\mathrm{w})$ で[イ]が $(V\mathrm{x} - V\mathrm{w})$ である。

[正解] 1

---------- **[問]** 25 ----------

ロードセルの概略図を**図1**に示す。図の弾性体に荷重を加えた際に，ひずみ
が正しく検出できる方向に4枚のひずみゲージ（R_1，R_2，R_3，R_4）を接着した。
ひずみ量を高感度に検出するため，4枚のひずみゲージを**図2**に示すブリッジ
回路のA，B，C，Dのどの位置に結線すればよいか。次の選択肢の中から，正
しいものを一つ選べ。

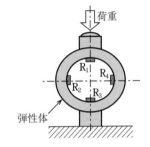

図1 ロードセル概略図

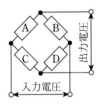

図2 ブリッジ回路図

	R_1	R_2	R_3	R_4
1	B	A	D	C
2	D	B	C	A
3	C	B	A	D
4	A	B	D	C
5	A	D	C	B

[題意] ロードセルにおける「ひずみゲージ」の適切な結線に関する問題である。

[解説] ロードセルとして用いるひずみ検出回路は，大きな出力を得る。温度補
償をさせる理由から，一般的に4アクティブゲージ法が使われる。

弾性体に接着されたひずみゲージは，ホイートストンブリッジを組むが，このとき
一つの対辺に圧縮ひずみを検出するひずみゲージを，他の対辺に引張ひずみを検出す

るひずみゲージをそれぞれ挿入しなければならない。図1において荷重が作用したとき，ダイヤフラム式ロードセルに接着されたひずみゲージのうち R_2, R_4 は圧縮ひずみ，R_1, R_3 は引張ひずみを検出するひずみゲージである。

　ブリッジ回路においては，対辺に同じひずみを検出するゲージを貼ることになっている。図2のAにひずみゲージ R_1 を配置すると，対辺Dには R_3 を配置する。同様に図2のBにひずみゲージ R_2 を配置すると，対辺Cには R_4 を配置する。

　したがって，**4** が正解である。

[正解] **4**

2.3　第 73 回（令和 4 年 12 月実施）

---- 問 1 --

「JIS Z 8103 計測用語」に規定される次の測定方式の定義の中で，補償法の定義はどれか。次の中から一つ選べ。

1　測定対象量とは独立に，大きさを調整できる同じ穂類の既知量を別に用意し，既知量を測定対象量に平衡させて，そのときの既知量の大きさから測定対象量を知る方法

2　測定対象量を原因とし，その直接の結果として生じる指示から測定対象量を知る方法

3　測定対象量と既知量とを置き換えて 2 回の測定の結果から測定対象量を知る方法

4　同じ種類の 2 量の作用の差を利用して測定する方法

5　測定対象量からそれにほぼ等しい既知量を引き去り，その差を測って測定対象量を知る方法

【題 意】　「JIS Z 8103 計測用語」からの出題である。

【解 説】　**1** は零位法である。零位法は，測定対象量とは独立に，大きさを調整できる同じ種類の既知量を別に用意し，既知量を測定対象量に平衡させて，そのときの既知量の大きさから測定対象量を知る方法である。

2 は偏位法である。偏位法は，測定対象量を原因とし，その直接の結果として生じる指示から測定対象量を知る方法である。

3 は置換法である。置換法は，測定対象量と既知量を置き換えて 2 個の測定の結果から測定対象量を知る方法である。

4 は差動法である。差動法は，同じ種類の 2 量の作用の差を利用して測定する方法である。

5 が補償法である。補償法は，測定対象量からそれにほぼ等しい既知量を引き去り，その差を測って測定対象量を知る方法である。

したがって，正解は **5** の補償法である。この問題は，令和 3 年度の問題 1 とほぼ同

じである。

[正　解]　5

-------- [問] 2 --

　ある計量器の校正を行ったときの校正の不確かさを評価する。不確かさの要因 A，B，C それぞれの相対標準不確かさが以下に示された値のとき，相対合成標準不確かさとして最も近い値はどれか。次の中から一つ選べ。

　ただし，各不確かさ要因に相関関係はなく，各標準不確かさに対する感度係数は 1 とする。

　　　要因 A の相対標準不確かさ　$u_A = 2.9$

　　　要因 B の相対標準不確かさ　$u_B = 6.3$

　　　要因 C の相対標準不確かさ　$u_C = 7.2$

　1　8.2

　2　10

　3　11

　4　16

　5　20

[題　意]　相対合成標準不確かさを計算する問題である。

[解　説]　問題文より，相対合成標準不確かさを求めると

$$u = \sqrt{(u_A)^2 + (u_B)^2 + (u_C)^2}$$
$$= \sqrt{(2.9)^2 + (6.3)^2 + (7.2)^2}$$
$$= \sqrt{99.94} \fallingdotseq 10$$

したがって，最も近い値は 10 となる。

[正　解]　2

-------- [問] 3 --

本尺目盛の日量が 1 mm のノギスに，19 mm を 10 等分したバーニヤ目盛がつ

いている。このノギスの最小読取量はどれか。次の中から一つ選べ。

1 0.01 mm

2 0.02 mm

3 0.05 mm

4 0.1 mm

5 0.2 mm

【**題意**】 ノギスの副尺に関する問題である。

【**解説**】 本尺 $n-1$ 目盛をバーニヤの n 目盛とすれば，本尺目盛間隔 S とバーニヤの目盛間隔 V であるから

$(n-1)S = nV$ となる。

最小読取量 c は，$c = S - V$

$$c = S - \frac{(n-1)S}{n} = \frac{S}{n}$$

$S = 1\,\text{mm}$，$n = 10$ なので，最小読取量 c は 0.1 mm となる。

【**正解**】 **4**

----- 【問】**4** -----

角度の測定に使用される機器に関する次の記述の中から，誤っているものを一つ選べ。

1 サインバーは，三角関数のサインを利用した器具であり，角度設定に使用される。

2 水準器は，水平又は鉛直の設定に使用される。

3 オートコリメータは，望遠鏡が常に水平となる機構を有し，鉛直角の測定に使用される。

4 直角定規は，直角の基準として使用される。

5 ポリゴン鏡は，角度の標準器として使用される。

【**題意**】 角度測定に使用する計量器に関する基礎的な知識を問う問題である。

[解説] **1**のサインバーは，2個の径が等しい円筒を持つ直定規で，円筒の中心間隔は一定の寸法 L で作られている。定盤の上に高さが違う H，h のブロックゲージを置き，その上にサイン棒の円筒を載せると

$$\sin \alpha = \frac{H-h}{L}$$

これによって角度 α を設定することができるので記述は正しい。

2の水準器の記述も正しい。

4の直角定規は直角の基準として使用されるので正しい。

5のポリゴン鏡は角度標準用ともいい，角度の標準器に用いられるので記述は正しい。

3のオートコリメータは，対象物の微小な角度振れなどを測定し，真直度や平行度の測定に用いるので，問題文は誤りである。

[正解] **3**

------ **[問] 5** ------

A～Eの計測器のうち，実量器は○，実量器でないものを×で表す。次の**1**～**5**の中から，正しいものの組合せを一つ選べ。

    A　分銅
    B　ノギス
    C　重錘形圧力天びん（重錘型圧力計）
    D　測温抵抗体
    E　ブロックゲージ

	A	B	C	D	E
1	×	○	○	×	○
2	○	○	×	○	×
3	○	×	○	×	○
4	×	×	○	○	○
5	○	×	×	○	○

【題意】 実量器の意味の知識を確認する問題である。

【解説】 実量器とは，ある量の既知の値を常に再現または供給するための器具である。Aの分銅とEのブロックゲージは，その物自体が質量や長さを表しているので実量器である。

BのノギスやDの測温抵抗体は，その機器の持つ測定範囲ならばいろいろな量を測定できるので実量器ではない。

Cの重錘型圧力天びん（重錘型圧力計）は，分銅と同じで，その重錘を載せればそれに対応した圧力を発生する計器であるので実量器といえる。

したがって，Aは○，Bは×，Cは○，Dは×，そしてEは○である。

【正解】 3

------ **【問】6** ------

受用の全量フラスコを衡量法で校正する。フラスコに入った水の質量は1 000.00 g であった。このとき，標準温度 20℃におけるフラスコの体積はいくらか。次の中から一つ選べ。

ただし，水の密度は 1 000 kg/m^3，水温は 22℃，ガラスの線膨張係数を 5×10^{-6}℃$^{-1}$ とする。また，浮力補正および分銅の密度補正は行わないものとする。

1　999.97 cm^3

2　999.99 cm^3

3　1 000.00 cm^3

4　1 000.01 cm^3

5　1 000.03 cm^3

【題意】 衡量法における体積値を求める問題である。

【解説】 ガラス製体積管の衡量法における体積値の計算式はつぎのように表せる。

$$V = \left[\frac{M}{P_W}\right]\left\{1 + \rho_a\left(\frac{1}{\rho_W} - \frac{1}{\rho_b}\right) + \beta(20-t)\right\}$$

V：標準温度 20℃における体積値〔cm^3〕

M：フラスコに入った水の質量〔g〕。ここでは 1 000.00 g

t：測定に用いた水の温度〔℃〕。ここでは 22 ℃

ρ_W：t〔℃〕の水の密度〔g / cm³〕

　　　水の密度の単位を換算して，$1\,000\,\text{kg} / \text{m}^3 = 1\,\text{g} / \text{cm}^3$

ρ_a：測定時の周囲の空気密度〔g / cm³〕

ρ_b：はかりの校正に用いた分銅の密度〔g / cm³〕

問題文より浮力補正および分銅の密度補正は行わないため，ρ_a と ρ_b は，ここでは無視してよい。

β：校正を行う体積計の体膨張係数〔℃$^{-1}$〕。ここではガラスの線膨張係数として 5×10^{-6} ℃$^{-1}$ が記載されている。

ここで，体膨張係数は線膨張係数の 3 倍だと考えてよいから，体膨張係数は 15×10^{-6} ℃$^{-1}$ となる。式に数値を代入して

$$V = \left[\frac{1\,000}{1}\right]\{1 + 15 \times 10^{-6}\,(20 - 22)\}$$

$$= 1\,000(1 - 30 \times 10^{-6}) = 1\,000 - 3 \times 10^{-2} = 1\,000 - 0.03 = 999.97\,\text{cm}^3$$

となる。体膨張係数は線膨張係数の 3 倍であるので注意が必要である。

正解 1

問 7

「JIS C 1602 熱電対」に規定される次の用語の定義の中から，誤っているものを一つ選べ。

1 規準熱起電力：熱電対の種類ごとに規定する，測温接点の温度に対して付与される熱起電力。

2 保護管付熱電対：熱電対に絶縁管を取り付け，保護管に入れ，端子を付けたもの。

3 補償導線：基準接点の温度変化による電圧変化を，熱電対の熱起電力に加えて補償するもの。

4 許容差：熱起電力を基準関数によって換算した温度から測温接点の温度を引いた値の許される最大限度。

5 常用限度：空気中において連続して使用できる温度の限度。

【題 意】「JIS C 1602 熱電対」に規定される用語の定義を問う問題である。

【解 説】 1：「規準熱起電力」は，熱電対の種類ごとに規定する，測温接点の温度に対して付与される熱起電力のことである。

2：「保護管付熱電対」は，熱電対に絶縁管を取り付け，保護管に入れ，端子を付けたものである。

4：「許容差」は，熱起電力を基準関数によって換算した温度から測温接点の温度を引いた値の許される最大限度のことである。

5：「常用限度」は，空気中において連続して使用できる温度の限度である。

3：「補償導線」は，常温を含む相当な温度範囲で，組み合わせて使用する熱電対とほぼ同一の熱起電力特性をもち，熱電対と基準接点との間をこれによって接続し，熱電対の接続部分と基準接点との温度差を補償するために使用する一対の導体に絶縁を施したものである。基準接点の温度変化による電圧変化を，熱電対の熱起電力に加えて補償するものではないので誤りである。

【正 解】 3

------ **問 8** ------

温度測定に関する次の記述の中から，誤っているものを一つ選べ。

1　標準用白金抵抗温度計は，熱力学温度を直接測定できる一次温度計である。

2　サーミスタ測温体は，感温部である抵抗素子の電気抵抗が温度変化に伴い大きく変化する性質を利用する。

3　2色放射温度計は，異なる2波長帯で測定した熱放射エネルギーの強度比から温度を求める。

4　光高温計は，内蔵している高温計電球のフィラメントの輝度を，標的の放射輝度に一致させて温度を測定する。

5　耳用赤外線体温計は，鼓膜とその周辺の耳道の空洞を測温部位として利用する。

【題 意】 温度測定に関する事項を問う問題である。

[解 説]　**2**：サーミスタ測温体は，感温部である抵抗素子の電気抵抗が温度変化に伴い大きく変化する性質を利用する温度計である。

3：2色放射温度計は，異なる2波長帯で測定した熱放射エネルギーの強度比から温度を求める温度計である。

4：光高温計は，内蔵している高温計電球のフィラメントの輝度を，標的の放射輝度に一致させて温度を測定する温度計である。

5：耳用赤外線体温計は，鼓膜とその周辺の耳道の空洞を測温部位として利用する温度計である。

1：標準用白金抵抗温度計は，金属材料が周囲温度の変化に比例して電気抵抗が変化する性質を利用しているものであり，熱力学温度を直接測定できる一次温度計ではない。

[正 解]　**1**

---- **[問] 9** ----

　ある計測器の周波数特性を調べたところ，下図のようになった。この計測器について，次の記述の中から最も正しいものを一つ選べ。

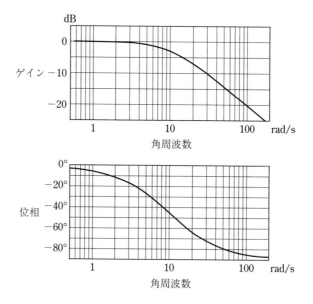

1 この計測器は，時定数が 10 s の一次遅れ系である。

2 この計測器は，時定数が 0.63 s の一次遅れ系である。

3 この計測器は，時定数が 0.1 s の一次遅れ系である。

4 この計測器は，固有角周波数が 1.6 rad / s の二次遅れ系である。

5 この計測器は，固有角周波数が 10 rad / s の二次遅れ系である。

[題意] 一次遅れ型の計量器に関する問題である。

[解説] 一次遅れ型の計量器に正弦波状に変化する入力を与えた。時定数を τ とすると，$\omega = 1/\tau$ のときに，ゲインは $-3\,dB$，位相遅れは $45°$ となる。

$$\tau = 1/\omega = 1/10 = 0.1 \text{ s}$$

[正解] 3

[問] 10

細管式の層流流量計の測定原理に関する次の記述の中から，正しいものを一つ選べ。

1 差圧が同じなら流量は密度に反比例する。

2 密度が同じなら流量は差圧の平方根に反比例する。

3 流量が同じなら差圧は細管の長さに反比例する。

4 差圧が同じなら流量は粘度に比例する。

5 流量が同じなら差圧は細管径の 4 乗に反比例する。

[題意] 細管式の層流流量計に関する知識を問う問題である。

[解説] 細管式の層流電流計は，細管中を流体が流下するとき，粘度の大きさによって落下時間が異なることを利用している。ハーゲン・ポアズイユの法則は，細管中を層流状態で流体が流れるときに使用する公式で，細管の両端間の寸法，差圧，流量および粘度を用いて表される。ここで，細管の半径 r，長さ ℓ，細管の入口と出口の圧力差 P，体積 V の流体が流れきるときの時間 t および流量を q とすると，粘度を求める式は

$$\eta = \frac{\pi r^4 t P}{8\ell V} = \frac{\pi r^4 P}{8\ell q}$$

で表される。

1：差圧が同じなら流量は密度（体積）に比例するので設問は誤りである。

2：密度が同じなら流量は差圧の平方根に比例するので設問は誤りである。

3：流量が同じなら差圧は細管の長さに比例するので誤りである。

4：差圧が同じなら流量は粘度に反比例するので誤りである。

5：流量が同じなら差圧は細管径の4乗に反比例するので正しい。

(正 解) 5

------ 問 11 ------

重錘形圧力天びん（重錘型圧力計）を用いて圧力測定を行う。圧力計校正時に比べ測定時の温度が20℃低かったので温度補正を行うこととした。適切な補正係数を次の中から一つ選べ。

ただし，重錘形圧力天びん（重錘型圧力計）のピストンやシリンダの材料の線膨張係数は 1×10^{-5}℃$^{-1}$ とする。

    1   1.000 1

    2   1.000 2

    3   1.000 3

    4   1.000 4

    5   1.000 5

(題 意) 重錘型圧力計の温度補正に関する知識を問う問題である。

(解 説) 重錘型圧力計で圧力を測定する際，圧力計の校正時の温度と測定時の温度が異なれば，熱膨張によりピストン・シリンダの有効面積は異なる。そのため測定値に対して補正を行う必要がある。

ここで本問の与えられている熱膨張係数はピストン・シリンダの有効面積についてではなく，材料についてであることに注意を要する。

測定時の温度が t℃のときのピストン・シリンダの直径 d は次式で与えられる。

$$d = d_0\{1 + \alpha (t - t_0)\}$$

ここで，d_0 は校正時の温度が t℃のときのピストン・シリンダの直径であり，α は

ピストン・シリンダの材料の熱膨張係数である。したがって有効面積 S は

$$S = \frac{\pi d^2}{4} = \frac{\pi d_0^2}{4}\{1 + \alpha(t - t_0)\}^2$$

となる。ここに $t - t_0 = 20$，$\alpha = 1 \times 10^{-5}$ を代入するが，$1 \geqq \alpha(t - t_0)$ であるので，近似を行うと

$$S \fallingdotseq \frac{\pi d_0^2}{4}\{1 + 2\alpha(t - t_0)\}$$

$\{1 + 2\alpha(t - t_0)\}$ が補正項であり，値を代入すると $2 \times 20 \times 1 \times 10^{-5}$ となる。

したがって，補正係数は 1.000 4 となる。

〔正解〕 **4**

--- 〔問〕 **12** ---

次の単位の中で，人名に由来しないものはどれか。次の中から一つ選べ。

1 Ω

2 Bq

3 rad

4 V

5 ℃

〔題意〕 単位名の由来に関する知識を問う問題である。

〔解説〕 **1**：Ω は，オームの法則を発明したドイツの物理学者ゲオルク・ジーモン・オームに由来する。

2：Bq は，ウランの放射能を発見し，ノーベル物理学賞を受賞したアンリ・ベクレルに由来する。

4：V は，ボルタ電池を発明したアレサンドロ・ボルタに由来する。

5：℃ は，セルシウス度であり，アンデルス・セルシウスに由来する。

3：rad は，輻を意味するラテン語 radius に由来する単位であり，人名には由来しない。

〔正解〕 **3**

---- 問 **13** ---

流量や流速を測定する計量器に関する以下の説明の中で誤っているものを一つ選べ。

1 超音波流量計やレーザ流速計にはドップラー効果を利用しているものがある。

2 熱式流量計には気体が持つ熱拡散作用を利用しているものがある。

3 電磁流量計にはファラデー効果を利用しているものがある。

4 質量流量計にはコリオリ力を利用しているものがある。

5 渦流量計にはカルマン渦を利用しているものがある。

題意 流量計の原理に関する理解を問う問題である。

解説 1：超音波流量計は，超音波計測法における伝播速度差を用いて流量を測定するものであるので正しい。

2：熱式流量計は，ガスが持つ熱拡散作用を用いて流量測定する原理であるので正しい。これはガスの圧縮度合いにより伝播する熱量が変化するため，センサそのものが質量流量に比例した出力特性を持つものである。

4：質量流量計は，流体の温度，圧力，粘度，密度などの変化に影響を受けない唯一の特性である「質量」を，直接連続的に測定する流量計である。コリオリの力を利用した原理により，高精度かつ高感度で質量流量を検出でき，質量流量システムを構成することができる。したがって，この選択肢は正しい。

5：渦流量計は流れの中に円柱や角柱を置くと物体の後方に規則的な渦が形成される。その渦発生の周波数は一定の法則に従うため，渦周波数から流量が測定できる。この渦列をカルマン渦という。したがって，この選択肢は正しい。

3：電磁流量計は，磁界の中で導電性流体が磁界を横切るとき，流れの方向と磁界にそれぞれ垂直の方向に起電力が誘起される。これはファラデーの法則を用いたものである。しかし，この選択肢にはファラデー効果と書かれている。ファラデー効果とは透過光に対する磁気光学効果である。したがって，この選択肢の説明は誤りである。

正解 3

-------- 問 14 --------

高周波の電力の大きさを表す方法として，1 mW を基準とした比で表す dBm（デシベルミリワット）が用いられることがある。dBm で表した電力 P_{dBm} は W で表した電力 P_W を用いると以下の式で表される。

$$P_{\text{dBm}} = 10 \log_{10} \frac{P_\text{W}}{1\,\text{mW}}$$

13 dBm で表される電力の大きさは何 mW か。次の中から最も近い値を一つ選べ。なお，$10^{0.3} \approx 2.0$ である。

1 2 mW

2 12 mW

3 13 mW

4 20 mW

5 30 mW

題意 高周波の電力の大きさを表す dBm と電力の関係を問う問題である。

解説

$$P_{\text{dBm}} = 10 \log_{10} \frac{P_W}{1\,\text{mW}}$$

より，$P_{\text{dBm}} = 13$ を代入して式を変形すると，$10\,(\log_{10} P_W - \log_{10} 1) = 13$ となる。$\log_{10} 1 = 0$ なので

$$\log_{10} P_W = 1.3$$

ここで $10^{0.3} \approx 2.0$ より，$\log_{10} 2 = 0.3$　となる。

$\log_{10} P_W = \log_{10} 10 + \log_{10} 2$　に変形して，$\log_{10} AB = \log_{10} A + \log_{10} B$ の関係から，P_W は 20 mW となる。

正解 4

-------- 問 15 --------

8 ビットの A/D 変換器において，入力電圧範囲が 0 V から 5 V であるとき，入力電圧の分解能として最も近い値はどれか。次の中から一つ選べ。

1 0.01 V

2 0.02 V

3 0.05 V

4 0.1 V

5 0.2 V

（**題 意**）A/D 変換器のビット数と分解能の関係の知識を問う問題である。

（**解 説**）A/D 変換では使用するビット数によって分解能が決まる。1 ビットは off か on の二つの状態を表すことができる。分解能としては 1/2 であり $1/2^1$ で表せる。2 ビット目は，この 1 ビット目の出力が入力となるため $1/2^2$ に，すなわち 1/4 の分解能となる。このようにして設問の 8 ビットでは同様に $1/2^8$，すなわち 1/256 の分解能である。入力電圧範囲が 5 V であるから，分解能は

$$5\,V \times 1/256 = 0.019\,5\,V$$

したがって，約 0.02 V である。

（**正 解**）**2**

問 16

ひょう量 50 t，目量 10 kg の電気式はかりを重力加速度が $9.794\,m/s^2$ の場所に設置する。設置場所で載せ台に 50 t の分銅を負荷して表示を「50.00 t」とさせるため，重力加速度が $9.798\,m/s^2$ の製造場所において調整を行う。製造場所において 50 t の分銅を負荷した時の表示として正しいものはどれか。次の中から一つ選べ。

1 50.04 t

2 50.02 t

3 50.00 t

4 49.98 t

5 49.96 t

はかりを製造した場所の重力加速度
$9.798 \mathrm{m/s}^2$

設置する場所の重力加速度
$9.794 \mathrm{m/s}^2$

（題 意） 計量法に規定する特定計量器に関して検定を行ったときに重力加速度の影響を考える問題である。

（解 説） ひょう量 50 t，目量 10 kg の電気式はかりを使用する。

分銅を別の場所に移動させると，重力加速度の影響を受けて分銅の重さは変化する。

製造場所における分銅の重さを W_1，そこでの重力加速度の大きさを g_1，設置場所での分銅の重さを W_2，そこでの重力加速度の大きさを g_2 とすると，その関係は次式で与えられる。求めたいのは，製造場所での分銅を測定した場合のはかりの指示値 W_1 なので

$$W_1 = \frac{W_2}{g_2} \times g_1$$

問題文より，g_2 は 9.794 m / s^2 を使用する。したがって，$W_1 = (50 / 9.794) \times 9.798$ t $= 50.02$ t となる。

（正 解） 2

------- **問** 17 ---

計量法に規定する特定計量器である，精度等級 4 級，ひょう量 2 kg，目量 10 g の非自動はかりの使用公差はどれか。次の中から正しいものを一つ選べ。

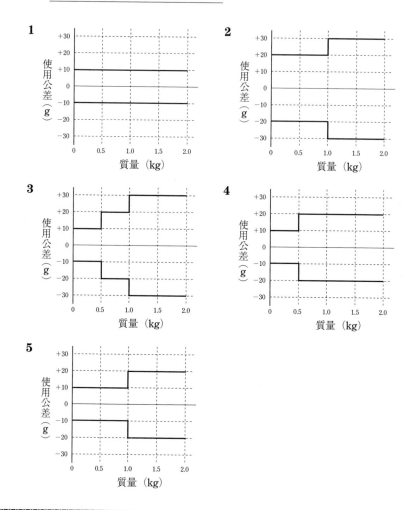

〔題意〕 精度等級が4級, ひょう量が2kg, 目量10gの非自動はかりの使用公差
に関する知識を問う問題である。

〔解説〕 はかりの使用公差を求める。精度等級が4級, ひょう量が2kg, 目量10g
である。

まず検定公差は

10 g×50＝500 g まで 0.5 目量なので ±5 g となる。

50 g を超え 2 000 g までを求める。

$10\,\mathrm{g} \times 200 = 2\,000\,\mathrm{g}$ まで1目量なので $\pm 10\,\mathrm{g}$ となる。

ここで使用公差は，検定公差の2倍であるため

500gまでは $\pm 10\,\mathrm{g}$

500gを超え2 000gまでは $\pm 20\,\mathrm{g}$

したがって，問題に与えられた図で表すと使用公差としての正解は **4** となる。

[正解] 4

---- 問 18 ----

ケーブルの導体抵抗やコネクタの接触抵抗等の影響を軽減するため，ロードセルのブリッジ回路の接続に6線式の配線が用いられることがある。入力電圧測定のケーブルには電流がほとんど流れないため電圧降下が小さく，正確な測定が実現できる。ここで，入力電圧印加，入力電圧測定，出力電圧測定のケーブルを，ブリッジ回路に結線する際の方法として，正しいものはどれか。次の中から一つ選べ。

なお，選択肢の図中の「•」は接続点を示す。

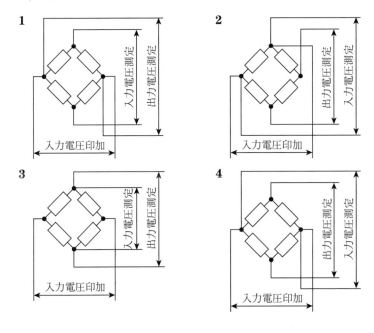

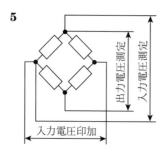

5

（縦書きラベル）出力電圧測定　入力電圧測定

入力電圧印加

【題 意】 ロードセルに関し入力・出力電圧の適切な結線に関する問題である。

【解 説】 問題文のとおり，ケーブルの導体抵抗やコネクタの接触抵抗などの影響を軽減するため，ロードセルのブリッジ回路の接続に6線式の配線が用いられることがある。入力電圧測定のケーブルには電流がほとんど流れないため電圧降下が小さく，正確な測定が実現できる。これはロードセルの印加電圧の変化を監視して，その変化分をA/D変換時に補正を行って誤差を相殺する方法である。

以上のことから，ケーブルに印加電圧を監視する線を2本増設して6本でシステムを組む。

このような問題では入力電圧と出力電圧の結線を問うことが多かったが，今回は入力電圧測定が加わった。入力電圧印加と出力電圧測定の正しい結線は**3**，**4**および**5**となるが，**3**は入力電圧測定と出力電圧測定が同じになっているので不適切である。また，**5**の入力電圧測定の結線も不適切である。**4**の入力電圧測定の結線は正しい。したがって，正解は**4**である。

【正 解】 4

------ **問 19** ------

図は，送りおもりを用いた台はかりを示す。**図1**は，何も負荷していない状態で釣り合っている台はかりを示す。**図2**のように試料と分銅を置き，送りおもりの位置を変えると釣り合った。このときの試料の質量はいくらか，次の中から最も近い値を選べ。

支点：$F_1 \sim F_3$，　重点：$A_1 \sim A_4$，　力点：$B_1 \sim B_3$

1　1.6 kg

2　2 kg

3　8 kg

4　9 kg

5　10 kg

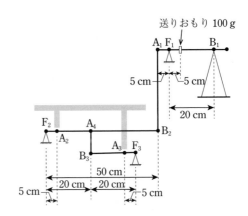

図1　無負荷時の釣合い

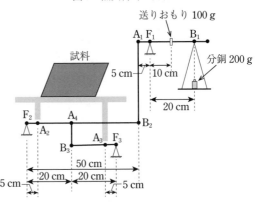

図2　負荷した時の釣合い

〔題意〕　直列連結てこの"てこ比"についての知識を問う問題である。

〔解説〕　直列連結は，異名の点どうしを接続する。逆に並列連結は，同名の点どうしを接続する。

　ここでは直列連結である。支点Fと重点Aとの距離 a，支点Fと力点Bとの距離を b とすると，てこ比は b/a で表される。

　まず，計量棹のてこ比は，支点 F_1 と重点 A_1 との距離5 cm，支点 F_1 と力点 B_1 との距離20 cm から求めると，20/5 である。

　長機のてこ比は，支点 F_2 と重点 A_4 との距離20 cm，支点 F_2 と力点 B_2 との距離50 cm

から求めると，50/20 となる。

また，短機のてこ比は，支点 F_3 と重点 A_3 との距離 5 cm，支点 F_3 と力点 B_3 との距離 20 cm から求めると，20/5 となる。

三つのてこの直列連結であるのでてこ比は，それぞれを掛け合わせて

$$\frac{20}{5} \times \frac{50}{20} \times \frac{20}{5} = 40$$

となる。ここで，M_1 をてこ比から算出した試料の質量，P を分銅の質量とすると

$$M_1 = 40 \times 200 \text{ g} = 8\,000 \text{ g}$$

となる。ここで送りおもりの位置を変えると釣り合ったことを考慮すると，送りおもりによる試料の質量を M_2 とすると

$$M_2 \text{〔g〕} \times 5 \text{〔cm〕} = 5 \text{〔cm〕} \times 100 \text{〔g〕} + 20 \text{〔cm〕} \times 200 \text{〔g〕}$$

$$M_2 = 4\,500/5 \text{〔g〕} = 900 \text{〔g〕}$$

したがって，試料の質量 M は $M_1 + M_2$ より 8 900 g となる。最も近い値は 9 000 g （= 9 kg）となる。

〔正 解〕 **4**

----- 〔問〕 **20** -----

質量を計最する計量器について，特徴的な機構とその役割を示した次の組合せの中から，誤っているものを一つ選べ。

	計量器の機構	機構の役割
1	台はかりの組合せてこ	小さな釣合い力で荷重を測定する
2	手動天びんの重心玉	感じを微調整する
3	音さ振動式はかりの音さ	荷重変化を音圧信号の振幅変化に変換する
4	ばね式はかりのラックとピニオン	ばねの伸びを指針の回転運動に変換する
5	静電容量式はかりの平行平板	荷重変化を静電容量の変化に変換する

【**題 意**】 計量器の特徴的な機構とその役割の理解を問う問題である。

【**解 説**】 **1** の「台はかりの組合せてこ」は，機構の役割としては「小さな釣合い力で荷重を測定する」ものである。**2** の「手動天びんの重心玉」は，機構の役割としては「感じを微調整する」ものである。**4** の「ばね式はかりのラックとピニオン」は，機構の役割としては「ばねの伸びを指針の回転運動に変換する」ものである。**5** の「静電容量式はかりの平行平板」は，機構の役割としては「荷重変化を静電容量の変化に変換する」ものである。

3 の「音さ振動式はかりの音さ」は，機構の役割としては「荷重変化を音圧信号の振動変化に変換する」ものであり，設問の「振幅変化」ではなく「振動変化」であるので誤りである。

【**正 解**】 **3**

【**問**】 **21**

計量法に規定する特定計量器である，非自動はかりに下図の表示がされていた。

この表示内容について正しいものはどれか。次の中から一つ選べ。

1 検定の実施年月が 2022 年 12 月
2 定期検査の実施年月が 2022 年 12 月
3 検定証印の有効期間が 2022 年 12 月末日
4 定期検査済証印の有効期間が 2022 年 12 月末日
5 指定製造事業者による製造年月が 2022 年 12 月

2022.12

【**題 意**】 計量法に規定されている計量法に規定する特定計量器である，非自動はかりの検定証印に関する問題である。

【**解 説**】 計量法に規定する特定計量器である，非自動はかりで問題中の図は検定証印である。

特定計量器検定検査規則第 26 条第 1 項（検定を行なった年月の表示）には下記のとおりに記載されている。

「検定証印を打ち込み印，押し込み印，すり付け印又は焼き印により付する場合に

あっては，法第七12条第3項の検定を行った年月の表示は，打ち込み印，押し込み印又はすり付け印により（分銅，おもり及び令附則第5条第1項の経済産業省令で定める非自動はかりであって，これらの方法により検定を行った年月を表示することが，構造及び使用状況からみて著しく困難なものとして経済産業大臣が別に定めるものにあっては，経済産業大臣が定める方法により），検定証印に隣接した箇所に，次の様式1から様式3までのいずれかにより表示するものとする。この場合において，上又は左の数字は西暦年数を表すものとし，下又は右の数字は月を表すものとする。ただし，西暦年数に係る表記方法は，経済産業大臣が別に定める方法とすることを妨げない。」

　例えば，検定を行った年月が2017年11月ならば

　　様式1　2017　　　様式2　2017.11　　　様式3　2017 11
　　　　　　　　11

となる。したがって，問題中の図下部に記載されている「2022.12」（様式2）より，検定の実施年月は2022年の12月となり，正解は**1**である。

(正解) **1**

---- (問) **22** ----

　「JIS B 7609 分銅」に規定された分銅において，精度等級が異なっても要求事項が同一の内容になるものはどれか。次の中から一つ選べ。

　1　1 kg 分銅の質量調整用の調整孔の有無

　2　100 g 分銅の材料密度の許容範囲

　3　10 g 分銅の磁気分極の限度値

　4　1 g 分銅の最大許容誤差

　5　100 mg 分銅の形状

(題 意)　「JIS B 7609 分銅」精度等級と要求事項に関する問題である。

(解 説)　JIS B 7609：2008 分銅からの問題である。

1：「質量調整孔の有無」は規格「8　構造」に定められている。

　E級分銅では50 kg を超える E2 分銅では調整孔を設けてもよいとある。F級分銅は

調整孔を設けてもよいとある。M 級分銅は 1 g から 50 g までの分銅は，調整孔を設けるのは任意であるが，1 g から 10 g までの分銅は調整孔がないのが望ましい。また，100 g から 50 kg までの分銅は調整孔を設けなければならないとある。したがって，調整孔の有無は精度等級により要求事項が異なる。

2：「密度の許容範囲」は規格「10 磁性」に定められている。

分銅の公称値によって精度等級により密度の許容範囲が異なる。

3：「磁気分極（磁化）の限度値」は規格「11 密度」に定められている。

分銅の公称値によって精度等級により最大磁気分極（磁化）の限度が異なる。

4：「最大許容誤差」は規格「6 最大許容誤差」に定められている。

分銅の公称値によって精度等級により最大許容誤差が異なる。

5：「分銅の形状」は規格「7 形状」に定められている。

500 mg 以下の分銅の形状は規格 7 の形状にて定められている。

したがって，100 mg 分銅の形状は精度等級に関係なく**表 1** のとおりである。精度等級が異なっても要求事項が同一の内容になるものは分銅の形状となり，正解は **5** である。

表 1　1 g 以下の分銅の形状 (JIS B 7609：2008)

公称値	形状	線状
5 mg, 50 mg, 500 mg	五角形	五角形又は五線分
2 mg, 20 mg, 200 mg	四角形	四角形又は二線分
1 mg, 10 mg, 100 mg, 1 g	三角形	三角形又は一線分

［正 解］ 5

---- 問 23 ----

空気中で，等比天びんに載せた質量 200.000 g の分銅と亜鉛合金とが釣り合った。この亜鉛合金の質量はいくらか。次の中から，最も近い値を一つ選べ。

ただし，分銅の体積は 25.4 cm³，亜鉛合金の体積は 30.4 cm³ および空気の密度は 0.001 2 g / cm³ とする。

1 200.012 g

2 200.006 g

3 200.000 g

4　199.994 g

5　199.988 g

【**題　意**】　浮力に関する問題である。

【**解　説**】　質量が同じであるが，それぞれに浮力が働いているために真の質量はそれぞれ違ってくる。浮力は，それぞれの体積に空気の密度を乗じたものである。

問題文より，M_W：分銅の真の質量

　　　　　　　M_X：亜鉛合金の真の質量

　　　　　　　V_W：分銅の体積

　　　　　　　V_X：亜鉛合金の体積

　　　　　　　ρ_a：空気の密度

　　　　　　　g　：重力加速度の大きさ

とすると，下記の式が成り立つ。

　　　$M_X\,g - \rho_a V_X\,g = M_W\,g - \rho_a V_W\,g$

ここで求めたいのは，亜鉛合金の真の質量 M_X であるので

　　　$M_X = M_W + \rho_a(V_X - V_W) = 200.000 + 0.001\,2(30.4 - 25.4)g = 200.006\,g$

【**正　解**】　**2**

------ 問 **24** ------

計量法に規定する特定計量器である，温度換算装置を有していない自動車等給油メーターの器差検定を比較法で行った。このとき，器差が +0.05 L の液体メーター用基準タンクの読み値は 9.95 L で，自動車等給油メーターの器差検定の器差は +1.0 % であった。自動車等給油メーターの表示値に最も近い値を次の中から一つ選べ。

　　1　　9.90 L

　　2　　9.95 L

　　3　　10.00 L

　　4　　10.05 L

　　5　　10.10 L

(題 意) 自動車等給油メーターの比較法での器差検定に関する知識を問う問題である。

(解 説) 燃料油を基準タンクで受け，メーターの指示値と基準タンクの指示値とを比較算出する方法である。ここでは，温度換算装置を有していない。器差がわかっているので，そこから自動車等給油メーターの表示値（受検器）を求める問題である。

受検器の表示値 $I = x$〔L〕

基準タンクの読み値 $I' = 9.95$〔L〕

基準タンクの器差 $e = +0.05$〔L〕

真実の値 $Q = I' - e = 9.95 - 0.05 = 9.90$〔L〕

器差 $E = \left\{ \dfrac{(I - Q)}{Q} \right\} \times 100$

問題文より，$E = 1.0$ なので

$$1.0 = \left\{ \frac{x - 9.90}{9.90} \right\} \times 100$$

$$\therefore \quad x = 9.999$$

したがって，自動車等給油メーターの表示値に最も近い値は 10.00 L となる。

(正 解)　3

問 25

図に示す等比天びんを用い，左皿に粗分銅を載せ，公称質量が 50 g の分銅 A を基準に分銅 B の質量を置換法により測定した。このときの結果は以下の ① から ③ に示すとおりであった。

選択肢の中から，分銅 B の質量として最も近い値を一つ選べ。

①　右皿に分銅 A を載せた時の静止点は 10.0 であった。

②　① の状態で右皿に更に 2 mg の分銅を載せた時の静止点は 6.0 であった。

③　右皿の分銅 A と 2 mg の分銅を分銅 B に置き換えた時の静止点は 8.0 であった。

使用した等比天びん，分銅 A および 2 mg の分銅の器差はゼロであり，使用したすべての分銅の密度は同一で，浮力の影響は考慮しない。

1 49.998 g

2 49.999 g

3 50.000 g

4 50.001 g

5 50.002 g

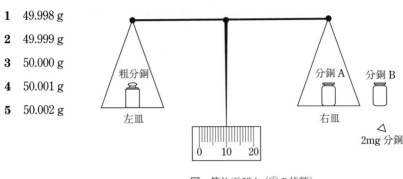

図　等比天びん（①の状態）

[題 意]　置換ひょう量法についての知識を問う問題である。

[解 説]　分銅 B の質量を X，分銅 A の質量を M，分銅 A の器差を E とする。こ
こで

①　左皿に粗分銅，右皿に分銅 A を載せたときの静止点 10.0 を x_2

②　①の状態で右皿に 2 mg の分銅を載せたときの静止点 6.0 を x_Δ

③　右皿の分銅 A と 2 mg の分銅を分銅 B に置き換えたときの静止点 8.0 を x_1

とし，下式から X を求める。

M は 50 g であり，分銅の器差 E は 0 である。また，Δ は 0.002 g である。

$$X = M + \frac{x_2 - x_1}{x_2 - x_\Delta} \times \Delta - E$$

$$X = 50.000 + \frac{10 - 8}{10 - 6} \times 0.002 - 0 = 50.001 \, g$$

したがって，正解は **4** である。この問題は置換ひょう量法の測定手順①と③が通
常と逆になっているので注意されたい。

[正 解]　**4**

一般計量士　国家試験問題 解答と解説

1.　一基・計質$\left(\begin{array}{c}\text{計量に関する基礎知識／}\\\text{計量器概論及び質量の計量}\end{array}\right)$（第71回～第73回）

Ⓒ一般社団法人　日本計量振興協会　2023

2023 年 11 月 22 日　初版第 1 刷発行

	検印省略	編　者	一般社団法人 日 本 計 量 振 興 協 会 東京都新宿区納戸町 25-1 電話 (03)3268-4920

発 行 者　　株式会社　　コ ロ ナ 社
代 表 者　　牛 来 真 也
印 刷 所　　萩 原 印 刷 株 式 会 社
製 本 所　　有限会社　　愛千製本所

112-0011　東京都文京区千石 4-46-10
発 行 所　株式会社 コ ロ ナ 社
CORONA PUBLISHING CO., LTD.
Tokyo Japan
振替 00140-8-14844・電話(03)3941-3131(代)
ホームページ https://www.coronasha.co.jp

ISBN 978-4-339-03242-0　C3353　Printed in Japan　　　　（柏原）N